全国高职高专"十二五"规划教材

Visual C# 2008 程序设计案例教程

主 编 李挥剑 钱 哨 李 凤

副主编 谭晓琳 郭小华 郭慧群

中国水利水电出版社
www.waterpub.com.cn

内 容 提 要

本书针对基于.NET方向软件开发专业学生的C#编程语言进行案例教学。

本书以案例背景作为依托来介绍C#语言的编程环境、基本语法、数据类型、面向对象、WinForm开发、Web开发、文件操作等技术模块。书中的案例全部是利用C#语言开发的，涉及C#.NET基础、.NET Framework、WinForm编程、ASP.NET四门课程的基础知识和技术要点。

书中所涉及程序的开发环境全部是Visual Studio 2008的C#.NET编程环境。

本书的读者需要具备C语言程序设计基础、计算机基础操作、数据结构及算法等课程的基础知识，它主要面向从事.NET软件开发的入门学生。

图书在版编目（CIP）数据

Visual C# 2008程序设计案例教程 / 李挥剑，钱哨，李凤主编. -- 北京：中国水利水电出版社，2011.2
 全国高职高专"十二五"规划教材
 ISBN 978-7-5084-8293-4

Ⅰ. ①V… Ⅱ. ①李… ②钱… ③李… Ⅲ. ①C语言－程序设计－高等学校：技术学校－教材 Ⅳ. ①TP312

中国版本图书馆CIP数据核字(2011)第001833号

策划编辑：石永峰　　责任编辑：杨元泓　　加工编辑：胡海家　　封面设计：李 佳

书　名	全国高职高专"十二五"规划教材 Visual C# 2008 程序设计案例教程	
作　者	主　编　李挥剑　钱　哨　李　凤 副主编　谭晓琳　郭小华　郭慧群	
出版发行	中国水利水电出版社 （北京市海淀区玉渊潭南路1号D座　100038） 网址：www.waterpub.com.cn E-mail：mchannel@263.net（万水） 　　　　sales@waterpub.com.cn 电话：（010）68367658（营销中心）、82562819（万水）	
经　售	全国各地新华书店和相关出版物销售网点	
排　版	北京万水电子信息有限公司	
印　刷	北京市天竺颖华印刷厂	
规　格	184mm×260mm　16开本　18印张　445千字	
版　次	2011年2月第1版　2011年2月第1次印刷	
印　数	0001—3000册	
定　价	32.00元	

凡购买我社图书，如有缺页、倒页、脱页的，本社营销中心负责调换

版权所有·侵权必究

前 言

Visual Studio.NET（.NET）作为微软新一代软件开发平台，是微软.NET 战略产品的重要部分。Visual Studio.NET 集成了 Visual Basic.NET、Visual C#.NET、Visual C++.NET、Visual J#.NET、ASP.NET 等开发环境，而微软第一次统一了 VB 和 VC 的底层对象，使 Visual Basic.NET 和 Visual C#.NET 能够访问相同组件的属性和方法，使得编写 C#与编写 Visual Basic.NET 程序同样简单和高效。

近几年，根据微软的开发战略，C#将不可避免地崛起，在 Windows 平台上成为主角，而 Visual Basic 等语言将慢慢边缘化。尤其是 Visual Studio 2008 的出现，已经成为业界中的开发平台主流。

在 2009 年以前的软件人才需求调查结果中，主要是以 Java 和.NET 两大平台为主，两者各有千秋。2009 年的调查结果中，.NET 人才需求增大，呈现出上升趋势。在国内的招聘网站中使用.NET 做为职位查询关键字，可以看到，仅在北京每个月就需求 1000 人以上，但求大于供，掌握.NET 技术就意味着进入高薪领域！

编者从事.NET 方向教学多年，并一直辅导学生实训课程。在教学中发现很难找到一套与理论教学结合紧密又能使学生掌握足够开发经验的实训教材。为此，编者集中筛选了多年教学中使用的案例，并结合理论知识和开发经验，汇集成此书。

本书共 8 章。第 1 章是认识 C#语言，第 2、3 章是介绍 C#语言的语法及数据类型，第 4、5 章是介绍 C#语言的面向对象程序设计，第 6～8 章是介绍基于 WinForm 开发、Web 开发、文件操作中的 C#应用。

本书由李挥剑、钱哨、李凤任主编，谭晓琳、郭小华、郭慧群任副主编。其中李挥剑编写第 1～5 章、第 7 章、第 8 章，钱哨编写第 6 章，李凤负责校稿，谭晓琳、郭小华、郭慧群负责案例程序及课后习题编写。参加本书编写的还有陈艳艳、尹长勇、康浩、张传立、王克难、李强、苏琳等。由于时间仓促，且作者水平有限，本书遗漏之处在所难免，欢迎广大读者批评指正。

编 者
2010 年 12 月

目 录

前言

第1章 C#概述 ... 1
1.1 初识C# ... 1
1.1.1 本门课程简介 ... 1
1.1.2 本门课程体系定位 ... 2
1.1.3 C#的特点 ... 2
1.1.4 C#的开发环境 ... 3
1.2 第一个C#程序 ... 5
1.3 本章小结 ... 10
课后习题 ... 10

第2章 C#数据类型与表达式 ... 11
2.1 C#的基本语法 ... 11
2.2 基本数据类型 ... 12
2.2.1 C#数据类型的分类 ... 12
2.2.2 简单类型 ... 15
2.2.3 枚举类型 ... 16
2.2.4 结构类型 ... 18
2.3 常量 ... 20
2.4 变量 ... 21
2.5 表达式 ... 22
2.5.1 算术运算符和表达式 ... 23
2.5.2 关系运算符和表达式 ... 24
2.5.3 逻辑运算符和表达式 ... 26
2.5.4 位运算符和表达式 ... 27
2.5.5 赋值运算符和表达式 ... 28
2.5.6 条件运算符和表达式 ... 29
2.6 表达式中的类型转换 ... 30
2.7 本章小结 ... 32
课后习题 ... 32

第3章 C#编程基础 ... 34
3.1 分支语句 ... 34
3.1.1 if语句的应用 ... 34
3.1.2 switch语句的应用 ... 36
3.1.3 三元运算符的应用 ... 37
3.2 循环语句 ... 39
3.2.1 while循环 ... 39
3.2.2 do-while循环 ... 41
3.2.3 for循环 ... 43
3.2.4 foreach循环 ... 46
3.3 跳转语句 ... 48
3.3.1 break语句 ... 49
3.3.2 continue语句 ... 49
3.3.3 return语句 ... 50
3.4 数组 ... 50
3.5 字符串 ... 55
3.6 函数 ... 57
3.6.1 值参数 ... 57
3.6.2 输入引用参数及输出引用参数 ... 58
3.6.3 数组型参数 ... 59
3.6.4 局部变量与全局变量 ... 60
3.6.5 Main()函数 ... 62
3.6.6 结构函数 ... 63
3.7 综合应用实例 ... 63
3.8 本章小结 ... 65
课后习题 ... 65

第4章 面向对象编程基础 ... 67
4.1 面向对象概念 ... 67
4.1.1 面向对象的基本概念 ... 67
4.1.2 面向对象主要特征 ... 68
4.1.3 类与对象 ... 69
4.2 类 ... 70
4.2.1 字段 ... 71
4.2.2 构造函数 ... 78
4.2.3 构造函数的重载 ... 81
4.2.4 析构函数 ... 84
4.3 方法 ... 85
4.3.1 静态方法与实例方法 ... 87

4.3.2 方法的重载 ·················· 90
4.3.3 方法的重写 ·················· 95
4.4 属性 ···························· 97
4.5 类库与命名空间 ················ 97
4.6 本章小结 ······················ 101
课后习题 ·························· 102
第 5 章 深入了解 C#面向对象编程 ···· 104
5.1 C#继承机制 ···················· 104
5.2 C#多态机制 ···················· 111
　5.2.1 方法重写 ·················· 112
　5.2.2 方法的隐藏 ················ 115
　5.2.3 抽象类和抽象方法 ·········· 115
5.3 操作符重载 ···················· 116
5.4 接口 ·························· 119
5.5 委托 ·························· 136
5.6 事件 ·························· 140
5.7 索引器 ························ 145
5.8 异常处理 ······················ 150
5.9 组件与程序集 ·················· 159
5.10 本章小结 ····················· 159
课后习题 ·························· 159
第 6 章 Windows 编程基础 ·········· 162
6.1 Windows 和窗体的基本概念 ······ 162
　6.1.1 Windows Forms 程序基本结构 ···· 162
　6.1.2 了解 WinForm 程序的代码结构 ······ 164
6.2 WinForm 中的常用控件 ·········· 167
　6.2.1 简介 ······················ 167
　6.2.2 基本控件使用 ·············· 170
6.3 多文档界面处理（MDI） ········ 180
　6.3.1 简介 ······················ 180
　6.3.2 多文档界面设置及窗体属性 ···· 180
　6.3.3 多文档界面的窗体传值技术 ···· 184
6.4 菜单和菜单组件 ················ 190
　6.4.1 简介 ······················ 190
　6.4.2 菜单的实践操作 ············ 191

6.5 窗体界面的美化 ················ 193
6.6 本章小结 ······················ 195
课后练习 ·························· 195
第 7 章 Web 应用程序开发 ·········· 197
7.1 ASP.NET 简介 ·················· 197
7.2 使用 ASP.NET 控件 ·············· 199
　7.2.1 TextBox 控件 ·············· 200
　7.2.2 Button 控件 ··············· 201
　7.2.3 HyperLink 控件 ············ 203
　7.2.4 DropDownList 控件 ········· 206
　7.2.5 ListBox 控件 ·············· 208
　7.2.6 Menu 控件 ················· 211
7.3 本章小结 ······················ 212
课后习题 ·························· 212
第 8 章 文件处理技术 ··············· 213
8.1 System.IO 命名空间 ············ 213
　8.1.1 System.IO 类介绍 ·········· 213
　8.1.2 File 类的常用方法 ········· 215
　8.1.3 FileInfo 类的常用方法 ····· 217
　8.1.4 文件夹类 Directory 的常用方法 ···· 221
　8.1.5 File 类的常用操作的静态方法练习 ···· 225
8.2 文件流类 FileStream ··········· 228
8.3 文件读写例子 ·················· 231
8.4 读写二进制文件 ················ 243
　8.4.1 二进制文件读取器/编写器介绍 ···· 243
　8.4.2 写二进制文件案例学习 ······ 245
8.5 读写内存流 ···················· 249
　8.5.1 读写内存流——MemoryStream 类 ···· 250
　8.5.2 MemoryStream 类案例学习 ··· 251
　8.5.3 读写缓存流——BufferedStream 类 ···· 253
　8.5.4 BufferedStream 类案例学习 ···· 253
8.6 本章小结 ······················ 255
课后练习 ·························· 255
习题答案 ·························· 256
参考文献 ·························· 282

第1章 C#概述

本章重点介绍 C#开发语言所涉及的.NET Framework 的体系结构、C#语言特点及 Visual Studio 2008 集成开发环境。通过简单实例，让致力于学习该语言的读者开始认识 C#语言及其编程环境。

- Microsoft .NET Framework 概述
- 了解 C#的特点和开发环境
- 熟悉 Visual Studio 2008 开发工具

1.1 初识 C#

C#（读作 C sharp）是一种编程语言，它是为生成在.NET Framework 上运行的多种应用程序而设计的。C#简单、功能强大、类型安全，而且是面向对象的。C#凭借它的许多创新，在保持 C 语言样式的表示形式和优美的同时，实现了应用程序的快速开发。

Visual Studio 支持 C#，这是通过功能齐全的代码编辑器、项目模板、设计器、代码向导、功能强大且易于使用的调试器以及其他工具实现的。通过.NET Framework 类库，可以访问多种操作系统服务和其他有用的精心设计的类，这些类可显著加快开发周期。

本书着重在于构建 C#应用程序在 Visual Studio 2008 集成开发环境下的开发应用，抛弃了 C#的编程基础和抽象的软件设计思想，如果期望尽快进入到 C#程序设计领域，请多实践本书中的各类实例。

1.1.1 本门课程简介

本课定位目标为高等院校计算机相关专业，在开设基于 Visual Studio 2008 环境下，掌握 C#语言开发的应用程序。要求开设本门课程的先修课程包括 C 程序设计基础、数据库基础理论与应用、数据结构与算法、面向对象的程序设计等，并可以编写出符合软件标准的规范代码。

学习完本门课程，学生将掌握以下基本知识点：
- C#数据类型与表达式
- C#语言各类语句
- 数组、字符串、函数

- 面向对象编程基础
- C#继承、多态机制
- 结构、枚举、接口、委托、事件、索引器
- 异常处理
- 组件
- 程序集
- Windows 应用程序开发
- 文件操作与管理
- Web 应用程序开发

1.1.2 本门课程体系定位

本门课程绝非孤立存在的,其课程的开设必须建立在一整套课程体系的基础之上,具体课程体系如图 1-1 所示。

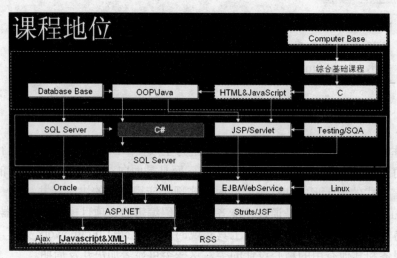

图 1-1 C#程序设计在课程体系中的地位

根据图 1-1 所示,C#程序设计在整体课程体系中的价值是处于基础地位和作用,C#程序设计是其他开发工具的基础,为 WinForm 程序设计和 Web 程序设计提供语言支持。因而学好本门课程对于软件技术专业的学生意义重大。

1.1.3 C#的特点

- C#是一种安全的、稳定的、简单的语言
- C#是纯粹的一种面向对象的语言
- C#是一种包含广泛的数据类型的语言
- C#的语法比 Java 复杂
- 支持 foreach 语句和 goto 语句
- 支持指针
- 支持运算符重载

- C#在.NET框架中可以和其他语言互操作

1.1.4　C#的开发环境

Visual Studio 2008 集成开发环境如图 1-2 所示。

图 1-2　Visual Studio 2008 集成开发环境图

"新建项目"对话框如图 1-3 所示。

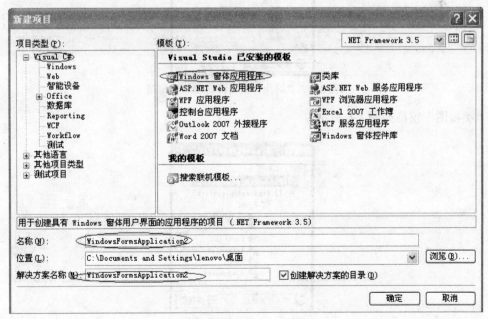

图 1-3　"新建项目"对话框

可视化程序设计界面如图 1-4 所示。

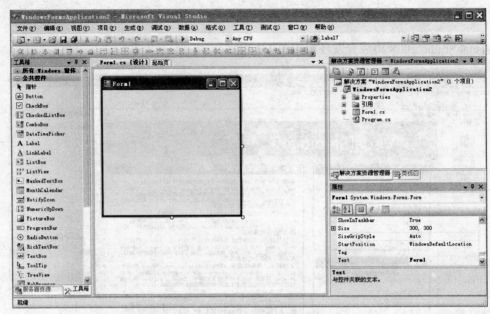

图 1-4　可视化程序设计界面

"解决方案资源管理器"窗格如图 1-5 所示。

图 1-5　"解决方案资源管理器"窗格

"类视图"窗格如图 1-6 所示。

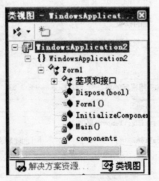

图 1-6　"类视图"窗格

"工具箱"窗格如图 1-7 所示。

图 1-7 "工具箱"窗格

"属性"窗格如图 1-8 所示。

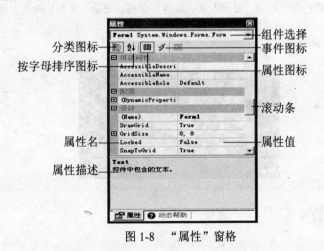

图 1-8 "属性"窗格

1.2 第一个 C#程序

案例学习：建立第一个 C#应用程序——现在几点了？

本次实验要求编写三个程序，类型分别是控制台程序、WinForm 程序、Web 程序。要求这三个程序可以向用户反映当前系统时间。

1. 控制台类型程序

```
using System;   //导入 System 命名空间
using System.Collections.Generic;
using System.Linq;
```

```
using System.Text;

//这是用C#编写的一个在控制台上的简单程序
namespace 时间      //声明命名空间时间
{
    class Program
    {
        static void Main(string[] args)   //程序入口点,Main的返回类型为void
        {
            Console.WriteLine(DateTime.Now.ToString());   //控制台类的WriteLine()
                                                          //方法用于显示输出结果
            Console.ReadLine();   //控制台类的ReadLine()方法用于等待用户输入
        }
    }
}
```

小知识:

"//"的作用

"//"后面跟的内容是描述代码的注释。

程序中的颜色含义:蓝色代码,表示C#开发语言保留的关键字;深绿色代码,表示类的名称,包括类库中现有的类和自定义的类;黑色代码,表示方法、属性、字段、变量、常量、命名空间的名称;浅绿色代码,表示代码的注释。

输出结果如图1-9所示。

图1-9 输出结果

2. WinForm类型程序

● 实验步骤(1):

在Visual Studio 2008集成开发环境里,选择主菜单中的"文件"选项,选择"新建项目",在项目类型里选择"Visual C#",在模板里选择"Windows应用程序"。下面的名称文本框里输入:时间1。在位置文本框可以确定项目要存储的位置单击"确定"按钮,生成项目及所在的解决方案。

● 实验步骤(2):

工具箱中拖拽1个Label控件和1个Button控件到Form1窗体上,将Button控件的Text属性改为"现在几点了?",如图1-10所示。

● 实验步骤(3):

双击Button控件,进入Form1.cs文件编辑状态,准备进行开发。代码如下:

```
using System;
using System.Collections.Generic;
```

```csharp
using System.ComponentModel;
using System.Data;
using System.Drawing;
using System.Linq;
using System.Text;
using System.Windows.Forms;

namespace 时间1
{
    public partial class Form1 : Form
    {
        public Form1()
        {
            InitializeComponent();
        }
        private void button1_Click(object sender, EventArgs e)
        {
            label1.Text = DateTime.Now.ToString();
        }
    }
}
```

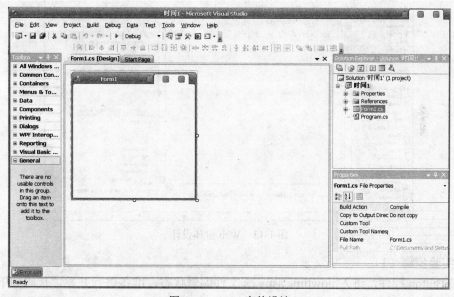

图 1-10 Form 窗体设计

- 实验步骤（4）：

按 F5 键调试、运行程序，单击"现在几点了"按钮，得到结果如图 1-11 和图 1-12 所示。

3. Web 类型程序

- 实验步骤（1）：

在 Visual Studio 2008 集成开发环境里，选择主菜单中的"文件"选项，选择"新建网站"，在项目类型里选择"Visual C#"，在模板里选择"ASP.NET 网站"。在下面的名称文本框里输入名称：now_time(3)。在位置文本框可以确定项目要存储的位置。单击"确定"按钮，生成网站及所在的解决方案。

图 1-11　Form 窗体运行界面

图 1-12　输出结果

- 实验步骤（2）：

工具箱中拖拽一个 Label 控件和一个 Button 控件到 nowtime.aspx 窗体上，将 Button 控件的 Text 属性改为"现在几点了？"，如图 1-13 所示。

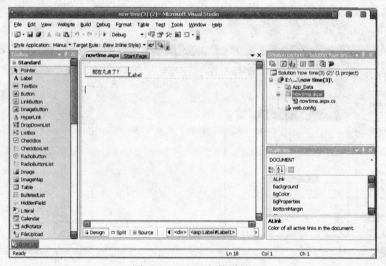

图 1-13　Web 窗体设计

- 实验步骤（3）：

双击 Button 控件，进入 nowtime.aspx.cs 文件编辑状态，准备进行开发。代码如下：

```
using System;
using System.Configuration;
using System.Data;
using System.Linq;
using System.Web;
using System.Web.Security;
using System.Web.UI;
using System.Web.UI.HtmlControls;
using System.Web.UI.WebControls;
using System.Web.UI.WebControls.WebParts;
using System.Xml.Linq;
```

```
public partial class _Default : System.Web.UI.Page
{
    protected void Page_Load(object sender, EventArgs e)
    {
    }
    protected void Button1_Click(object sender, EventArgs e)
    {
        Label1.Text = DateTime.Now.ToString();
    }
}
```

- 实验步骤（4）：

按F5键调试、运行程序，单击"现在几点了"按钮，得到结果如图1-14和图1-15所示。

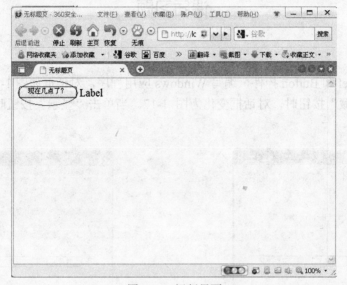

图1-14 运行界面

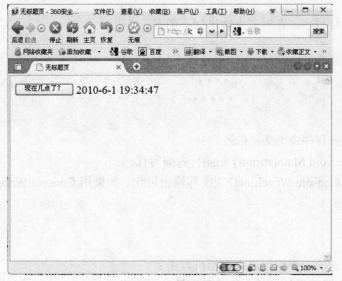

图1-15 输出结果

1.3 本章小结

- .NET Framework 由.NET Framework 类库和公共语言运行时两个主要组件组成。
- CLR 是管理用户代码执行的现在运行时环境,它提供 JIT 编译、内存管理、异常管理和调试等方面的服务。
- CTS 定义声明、定义和管理所有类型所遵循的规则,而无须考虑源语言。
- CLS 是所有针对.NET 的编译器都必须支持的一组最低标准,以确保语言的互操作性。
- 即时(JIT)编译器将 MSIL 代码编译为特定于目标操作系统和计算机体系结构的本机代码。

课后习题

一、编程题

1. 使用 Label 和 Button 控件,编写 Windows 应用程序,对话框如图 1-16 所示。

当单击"隐藏"按钮时,对话框变化为图 1-17。当单击"显示"按钮时,对话框恢复为图 1-16。

图 1-16

图 1-17

2. 编写控制台程序,在屏幕上输出如下图案:
```
    *
   ***
  ****
 *****
```

提示:
(1)在控制台程序命名为:Case1_3;
(2)在 static void Main(string[] args){}内编写代码;
(3)可以用 Console.WriteLine("");编写输出语句,如果用 Console.Write 语句编写,要用+号添加"\n"。

二、填空题

1. 本章所讨论的三类编程语言包括机器语言、_____、_____。
2. 每个 C#应用程序都必须在组成程序的某一个类中包含_____方法。

第2章 C#数据类型与表达式

 本章内容

本章重点介绍 C#开发语言所涉及的数据类型和表达式，包括 C#的基本语法、基本数据类型、常量、变量和表达式。通过简单实例，让致力于学习该语言的读者开始熟悉 C#开发语言所涉及的数据类型和表达式。

 本章的学习目标

- 掌握 C#的基本语法
- 熟练应用 C#的数据类型
- 熟练掌握各种运算符的使用规则
- 能够根据需要写出正确的表达式

2.1 C#的基本语法

 小知识：

关键字

在 C#中，关键字代表有特定功能的一些英文单词，代表不同的含义，它们的颜色是特别明显的，但是它们不能在程序中用作变量名。

C#语法中保留的关键字如图 2-1 所示。

C#的基本语法可以总结为以下内容：

（1）Using 关键字：用以引用 Microsoft. NET Framework 框架类库中的现有资源。这些资源以命名空间的形式存在。

（2）System 命名空间：提供了对构建应用程序所需的所有系统功能的访问。

（3）类：是 C#应用程序最基本的编程单元。

（4）Namespace 关键字：使用 Namespace 关键字命名空间，可以把类组织成一个逻辑上相关联的层次结构。

（5）Main 方法：Main 方法用来描述类的行为。

（6）语句：是 C#程序中执行操作的指令，语句之间用分号分隔。语句可以写在一行，也可以写多行。

（7）大括号：{和}用以标识代码块的开始和结束，必须配对使用。

（8）缩进：用来指出语句所处的代码块。

（9）区分大小写：C#语言区分大小写，例如 A 和 a 是不同的变量。

（10）空白区：除了引号中，编译器会忽略所有的空白区，可以用空白区来改善代码格式。

（11）注释：在程序中插入双斜杆（//），可以随后书写不跨行的注释；或者以/*开始，以*/结束。

abstract	as	Base	bool	break	byte	case	catch	char
checked	class	const	continue	decimal	default	delegate	do	double
else	enum	event	explicit	extern	false	finally	fixed	float
for	foreach	get	goto	if	implicit	in	int	interface
internal	is	lock	long	namespace	new	null	object	out
overried	partial	private	protected	public	readonly	ref	return	sbyte
sealed	set	short	sizeof	stackalloc	static	struct	switch	this
throw	true	try	typeof	uint	ulong	unchecked	unsafe	ushort
using	value	virtual	volatile	void	where	while	yield	

图 2-1 C#语法保留的关键字

2.2 基本数据类型

2.2.1 C#数据类型的分类

C#中的数据类型分为两个基本类别：

（1）值类型：
  ①表示实际数据；
  ②只是将值存放在内存中；
  ③值类型都存储在堆栈中；
  ④简单类型、枚举、结构。

（2）引用类型：
  ①表示指向数据的指针或引用；
  ②是内存堆中对象的地址；
  ③为 null，则表示未引用任何对象；
  ④类、接口、数组和委托；
  ⑤两个特殊的类 object 与 string。

（3）区别：值类型的变量本身包含他们的数据，而引用类型的变量包含的是指向包含数据的内存块的引用。下面用一个例子说明，如图 2-2 所示。

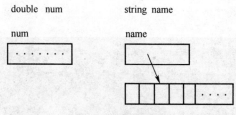

图 2-2 实例说明

值类型和引用类型的区别就在于当函数参数传递的时候,值类型是把自己的值复制一份传递给别的函数操作,无论复制的值怎么被改变,其自身的值是不会改变的;而引用类型是把自己的内存地址传递给别的函数操作,操作的就是引用类型值的本身,所以值被函数改变了。这就是传值和传址的区别。

案例学习:了解值类型的用法

下面的示例演示了值类型的用法。

```csharp
using System;
using System.Collections.Generic;
using System.Text;

namespace 值类型
{
    class Program
    {
        static void Main(string[] args)
        {
            //值类型变量
            int person = 10;
            Console.WriteLine("person 的原值:" + person);
            Add(person);
            Console.WriteLine("person 的值并没有因为函数的修改而修改:" + person);
            Console.ReadLine();

        }
        public static void Add(int person)
        {
            person += 10;
            Console.WriteLine("值类型当参数被传递并修改之后" + person);
        }
    }
}
```

这个例子中,我们在程序的代码里定义了一个值类型的变量 person,这个变量用来存放实际数据 10,数据是存放在内存的堆栈中。person 的具体类型是 int,在具体调用方法传参数过程中,在被调用方法 Add 内部做了一个 person 的副本 person,并且将数据 10 复制 Add 方法中的 person,Add 方法里的 person 的值不管发生了什么变化,都不会影响原始 person。

输出结果如图 2-3 所示。

图 2-3 输出结果

int 是简单类型的一种，枚举、结构类型也是值类型。

案例学习：了解引用类型的用法

下面的示例演示了引用类型的用法。

```
using System;
using System.Collections.Generic;
using System.Text;

namespace 引用类型
{
    class Program
    {
        static void Main(string[] args)
        {
            //引用类型变量
            Person person = new Person();
            Console.WriteLine("Blood 的原值: "+person.Blood);
            Add(person);
            Console.WriteLine("Blood 的值因为函数的修改而修改: "+person.Blood);
            Console.ReadLine();

        }
        public static void Add(Person person)
        {
            person.Blood += 10;
            Console.WriteLine("引用类型当参数被传递并修改之后"+person.Blood);
        }
    }
    class Person
    {
        public int Blood = 10;
    }
}
```

这个例子中，我们在程序的代码里定义了一个引用类型的变量 person，这个变量的 Blood 成员用来存放实际数据 10，person 本身是在内存的堆中存放 Blood 等成员的地址。如果 person 的值为 null，那么表示未存放任何对象地址。person 的具体类型是 Person。在具体调用方法传参过程中，在被调用方法 Add 内部做了一个副本 person，并且将引用地址复制给当前 person，当 person 所指向的成员 Blood 的数据发生变化，会影响 Add 方法中 person 所指向的成员 Blood 的数据。因为 person、Add 方法中的 person 二者都指向内存中同一个区域，所以任何改变都会互相影响。

输出结果如图 2-4 所示。

图 2-4 输出结果

Person 是一个用户自定义的类类型，接口、数组和委托也是引用类型。

 小知识：

> **两个特殊的类 Object 与 String**
>
> Object 类，支持.NET Framework 类层次结构中的所有类，并为派生类提供低级别服务。这是.NET Framework 中所有类的最终基类；它是类型层次结构的根。语言通常不要求类声明从 Object 的继承，因为继承是隐式的。
>
> 因为.NET Framework 中的所有类均从 Object 派生，所以 Object 类中定义的每个方法可用于系统中的所有对象。派生类可以重写某些方法，其中包括：
>
> - Equals —— 支持对象间的比较。
> - Finalize —— 在自动回收对象之前执行清理操作。
> - GetHashCode —— 生成一个与对象的值相对应的数字以支持哈希表的使用。
> - ToString —— 生成描述类的实例的可读文本字符串。
>
> String 类，表示文本，即一系列 Unicode 字符。

C#的数据类型分为值类型和引用类型。其中引用类型包括类、接口、委托、数组、字符串。值类型包括简单类型、枚举类型、结构类型。而简单类型又包括整数类型、十进制数值类型、浮点类型、布尔类型、字符类型。整数类型又包括带符号字节型、字节型、短整型、无符号短整型、整型、无符号整型、长整型、无符号长整型。浮点型又包括单精度浮点型和双精度浮点型。整体的分类结构如图 2-5 所示。

2.2.2 简单类型

简单类型的数据，在内存中有固定的位数，编程的时候用后缀做区分数值的数据类型。如图 2-6 所示。

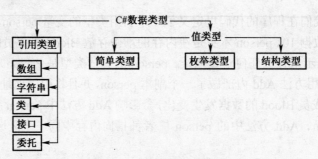

图 2-5 C#数据类型结构图

简单类型	描述	示例
sbyte	8 位有符号整数	sbyte val=12;
short	16 位有符号整数	short val=12;
int	32 位有符号整数	int val=12;
long	64 位有符号整数	long val1=12;longval2=34L;
byte	8 位无符号整数	byte avl1=12;byte val2=34U;
ushort	16 位无符号整数	ushort val1=12;ushort val2=34U;
uint	32 位无符号整数	uint val1=12;uint val2=34U;
ulong	64 位无符号整数	ulong val1=12;ulong val2=34U; ulong val3=56L;ulong val4=78UL;
float	32 位单精度浮点数	float val=1.23F;
double	64 位双精度浮点数	double val1=1.23; double val2=4.56D;
bool	布尔类型	bool val1=true; bool val2=false;
char	字符类型，Unicode 编码	char val='h';
decimal	28 个有效数字的 128 位十进制类型	decimal val=1.23M;

图 2-6 简单数据类型描述及示例

两个关于数值类型附加后缀的例子：

```
decimal balance = 3400.20;              //错误
decimal balance = 3400.20M;
```

为什么第一个是错误的，而第二个是正确的？因为没有任何后缀的数值，它的数据类型是 double 类型的，也就是说 3400.20 默认是 double 类型的。

2.2.3 枚举类型

C#枚举类型（也称为枚举）用来定义一组命名的整数常量，这些常量可以赋给变量。我们用两个小例子分别来介绍一下枚举类型，如图 2-7 和图 2-8 所示。

这个例子中定义了一个枚举 Color，它包含了 5 个整数常量 Red、Blue、Yellow、Orange、Pink，默认值分别为 0、1、2、3、4。

枚举的五个成员分别表示不同的值。

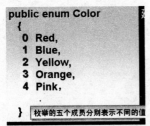
图 2-7 枚举 Color 定义的一组常量及默认值

图 2-8 枚举 Color 定义的一组常量及设定值

枚举的使用规则：要先创建枚举，声明枚举变量，再进行赋值等其他操作。一个使用的例子如图 2-9 所示。

```
Color c;                //赋值
c=Color.Red
//输出变量 c，显示 Red，不是 4
```

图 2-9 枚举 Color 的使用

关于赋值需要说明：
- 赋值是指把枚举常量赋给枚举变量
- 枚举常量的引用：**枚举类型名称.成员名称**
- 不能在程序中对枚举类型的成员赋值

另外，系统为程序员提供了预定义的枚举，如 DayOfWeek、ConsoleKey。这些已经定义好的枚举可以在编程的时候被直接使用，无须先创建。

使用枚举的好处是使用枚举常量比直接使用整型数更容易理解，同时可以迫使编译对定义的类型加以检查，提高程序的可靠性。

案例学习：枚举的应用

本次实验目标掌握枚举的应用。要求建立一个表示颜色的枚举，包括表示红色和蓝色的成员。再用这个枚举去定义变量，然后赋值使用。

- 实验步骤（1）：

在 Visual Studio 2008 集成开发环境里，选择主菜单中的文件选项，选择新建项目，在项目类型里选择"Visual C#"，在模板里选择"控制台应用程序"。在下面的名称文本框里输入名称："枚举应用"。在位置文本框可以确定项目要存储的位置。单击"确定"按钮，生成项目及所在的解决方案。

- 实验步骤（2）：

在 Program.cs 文件中编写代码如下：

```
using System;
using System.Collections.Generic;
using System.Linq;
using System.Text;

namespace 枚举应用
```

```
{
    public class EnumSample
    {
        enum Colors { Red = 11, Green = 12 };
        public static void Main()
        {
            Enum myColors = Colors.Red;
            Console.WriteLine("The value of this instance is '{0}'",
            myColors.ToString());
            Console.ReadLine();
        }
    }
}
```

按 F5 键调试、运行程序，输出结果如图 2-10 所示。

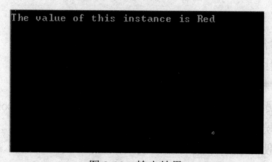

图 2-10　输出结果

枚举的用途是通过定义一个枚举类型，用它来保存一组数据，比起用变量来保存这些数据，枚举类型更能直观地表示一组数据。

2.2.4　结构类型

我们把一些不同类型的数据组合成一个整体，例如，一个学生的学号、姓名、班级、年龄和成绩等，虽然各属性分别属于不同的数据类型，但是它们之间密切相关，各种信息都属于一个人。这时，可以声明一个结构型的数据类型，由各种数据类型组成，可以是基本数据类型，也可以是自定义的数据类型，组成一个集合。

结构类型的特点是：
- 自定义数据类型
- 可以在其内部定义方法
- 无法实现继承
- 属于值类型

下面看一个程序例子，代码如图 2-11 所示。这个程序定义了一个结构 Animal，在这个结构中有两个成员：age 整数类型和 Life 方法。

再看一下前面提到的关于人的结构，代码如图 2-12 所示。所有与 people 关联的详细信息都可以作为一个整体进行存储和访问。

```
struct Animal
{
    public int age;
    public void Life()
    {
        //Life 实现
    }
}
```

图 2-11 结构 Animal

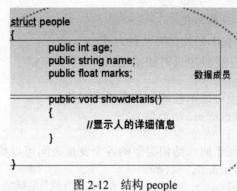

图 2-12 结构 people

1. 结构的定义

struct 结构类型名
{
    数据类型 1 成员名 1;
    数据类型 2 成员名 2;
    ……
    数据类型 n 成员名 n;
};

struct 是一个关键字，表示结构类型定义的开始，结构类型可以是 int、float、char 等各数据类型。花括号括起来的就是组成结构的各个组成部分。这里定义的结构类型名就相当于 int、float 等。

2. 定义一个结构类型变量

结构类型名 变量名;

以学生为例，先定义结构类型：

```
struct student
{
    long num;           //代表学号
    char name[30];      //代表姓名
    char sex;           //代表性别
    int age;            //代表年龄
    float score;        //代表成绩
};
```

接下来定义一个 student 类型的变量：

```
student s1;
```

变量定义时要分配存储空间，给 s1 分配的存储空间是其结构类型中所有成员所占空间的总和。

3. 引用

当我们要访问 s1 的结构成员时，我们要使用圆点操作符 "."。引用形式为：

结构变量名.成员名

例如，输出 s1 的名字：

```
Console.WriteLine (s1.name);
```

4. 初始化

对 s1 初始化有两种方式：

在变量定义时初始化：

```
student s1={26741011,"Li Hong",'F',19,84};
```

也可以单独地给各个成员赋值：

```
s1.num=26741011;
s1.name="Li Hong"
```

属于同一结构类型的各个变量之间可以相互赋值，这和数组不同。比如：

```
student s1,s2;
s1=s2            //把 s2 的各成员值赋给 s1
```

注意，相互赋值的必须是同一结构的变量，不同结构的变量不允许相互赋值，即使它们有相同的成员。

结构的用途：在实际应用中，为了解决复杂的数据类型，需要把一系列相关的变量组织成为一个整体的过程，我们需要用结构来定义，用以减少程序的工作量，提高代码的直观性。

2.3 常量

常量用于在整个程序中将数据保持同一个值。

语法：

  访问修饰符 const 数据类型 常量名 = 常量值；

访问修饰符可以为 public、private、protected，const 关键字用于声明常量。

案例学习：了解常量的应用

下面的示例演示了常量的用法。

```csharp
using System;
using System.Collections.Generic;
using System.Linq;
using System.Text;

namespace 常量
{
    class Program
    {
        static void Main(string[] args)
        {
            // PI 常量 PI
            const float PI = 3.14F;
            // 由地球引力引起的加速度常量
            const float g = 9.8F;
            // 钟摆的长度
            int length = 40;
            // 钟摆的周期
            double period = 0;
```

```
            // 钟摆周期的计算公式
            period = 2 * PI * Math.Sqrt(length / g / 100);
            Console.WriteLine("钟摆的周期为 {0} 秒", period);
            Console.ReadLine();
        }
    }
}
```
输出结果如图 2-13 所示。

图 2-13 输出结果

从这个程序例子可以看出，对于 PI 和重力加速度这两个系数是常量，不会发生变化。所以，把代表这两个系数的 PI 和 g 都定义为常量，并且赋予固定数值。在程序中，这两个常量被使用，但不能通过给它们赋值来改变数值。

2.4 变量

变量用于存储特定数据类型的值。
语法：
　　　访问修饰符　数据类型　变量名；
访问修饰符可以为 public、private、protected 关键字用于声明变量。数据类型可以是 int、string、double、float 等类型，也可以是用户自定义类型。

案例学习：了解变量的应用

下面的示例演示了变量的用法。

```
using System;
using System.Collections.Generic;
using System.Linq;
using System.Text;

namespace 变量
{
    class Program
    {
        static void Main(string[] args)
        {
```

```
            // 声明变量
            bool t = true;
            string v = "Jamie";
            short n1 = 19;
            int n2 = 14000;
            float n3 = 14.5f;
            // 显示布尔型、字符串型、整型、短整型和浮点型变量值
            Console.WriteLine("布尔值   = " + t);
            Console.WriteLine("字符串值 = " + v);
            Console.WriteLine("短整型值 = " + n1);
            Console.WriteLine("整型值   = " + n2);
            Console.WriteLine("浮点值   = " + n3);
            Console.ReadLine();
        }
    }
}
```

输出结果如图 2-14 所示。

图 2-14 输出结果

从这个程序例子可以看出,对于 t、v、n1、n2、n3 都定义为变量,并且初始化数值。在程序中,变量可以被引用读取数据,也可以被赋值使用。

2.5 表达式

使用 C#中的运算符和表达式,包括:
- 算术运算符和表达式
- 关系运算符和表达式
- 逻辑运算符和表达式
- 位运算符
- 赋值运算符和表达式
- 条件运算符和表达式
- 表达式中的类型转换

运算符和表达式概念图如图 2-15 所示。

从图中可以看到,常量、变量统称为操作数。在操作数之间用来计算和赋值的符号是运算符。表达式是操作数和运算符的组合。

另外，运算符根据其所对应的操作数个数分为一元、二元、三元运算符。一元操作符只能对应一个操作数，二元对应二个操作数，三元对应三个操作数。

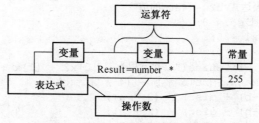

图 2-15　运算符和表达式概念图

2.5.1　算术运算符和表达式

算术运算符号就是用来处理四则运算的符号，这是最简单也最常用的符号，尤其是数字的处理，几乎都会使用到算术运算符号。算术运算符如表 2-1 所示。

表 2-1　算术运算符表

类别	运算符	表达式	说明
算术运算符	+	操作数 1 + 操作数 2	执行加法运算（如果两个操作数是字符串，则该运算符用作字符串连接运算符，将一个字符串添加到另一个字符串的末尾，形成一个字符串）
	-	操作数 1 - 操作数 2	执行减法运算
	*	操作数 1 * 操作数 2	执行乘法运算
	/	操作数 1 / 操作数 2	执行除法运算
	%	操作数 1 % 操作数 2	获得进行除法运算后的余数
	++	操作数++ 或 ++操作数	将操作数加 1
	--	操作数--或--操作数	将操作数减 1

案例学习：了解算数运算符和表达式的应用

下面的示例演示了算数运算符和表达式的用法。

```
using System;
using System.Collections.Generic;
using System.Linq;
using System.Text;

namespace 算术运算符
{
    class Program
    {
        static void Main(string[] args)
        {
            // x2 的系数
            int a = 2;
            // x 的系数
```

```
            int b = -7;
            // 二次方程的常数值
            int c = 3;
            // 存放表达式 b2 - 4ac 的值
            double disc = 0;
            double x1 = 0;
            double x2 = 0;
            Console.WriteLine("二次方程为： {0}x2 + {1}x + {2}", a, b, c);
            disc = Math.Sqrt(b * b - (4 * a * c));
            x1 = ((-b) + disc) / (2 * a);
            x2 = ((-b) - disc) / (2 * a);
            Console.Write("x = {0:F2} ", x1);
            Console.Write(" 或 ");
            Console.WriteLine("x = {0:F2}", x2);
            Console.ReadLine ();
        }
    }
}
```

输出结果如图 2-16 所示。

图 2-16 输出结果

这个程序例子几次使用算术运算符的表达式。

```
disc = Math.Sqrt(b * b - (4 * a * c));
x1 = ((-b) + disc) / (2 * a);
x2 = ((-b) - disc) / (2 * a);
```

通过这三个算术运算符的表达式计算出我们希望的结果。

2.5.2 关系运算符和表达式

关系运算就是处理操作数之间的关系，例如比较大小，看两个操作数是否相等，比较的结果是布尔类型的数值。关系运算符如表 2-2 所示。

表 2-2 关系运算符表

类别	运算符	表达式	说明
关系运算符	>	操作数 1 > 操作数 2	检查一个数是否大于另一个数
	<	操作数 1 < 操作数 2	检查一个数是否小于另一个数
	>=	操作数 1 >= 操作数 2	检查一个数是否大于或等于另一个数
	<=	操作数 1 <= 操作数 2	检查一个数是否小于或等于另一个数
	==	操作数 1 == 操作数 2	检查两个值是否相等
	!=	操作数 1 != 操作数 2	检查两个值是否不相等

案例学习：了解关系运算符和表达式的应用

下面的示例演示了关系运算符和表达式的用法。

```csharp
using System;
using System.Collections.Generic;
using System.Linq;
using System.Text;

namespace 关系运算符
{
    class Program
    {
        static void Main(string[] args)
        {
            int a = 25, b = 3;
            bool d = a > b;
            Console.WriteLine("a<b:" + d);
            int e = 3;
            if (e != 0 && a / e > 5)
                Console.WriteLine("a/e:" + a / e);
            int f = 0;
            if (f != 0 && a / f > 5)
                Console.WriteLine("a/f:" + a / f);
            else
                Console.WriteLine("f=" + f);
            Console.ReadLine();
        }
    }
}
```

按 F5 键调试、运行程序，输出结果如图 2-17 所示。

图 2-17　程序运行结果

这个程序例子几次使用关系运算符的表达式。

```
bool d = a > b;
a / e > 5
a / f > 5
```

关系运算符和表达式最主要的用途是用来处理值与值之间的关系。

2.5.3 逻辑运算符和表达式

逻辑运算又称布尔运算，布尔用数学方法研究逻辑问题，成功地建立了逻辑演算。它用等式表示判断，把推理看作等式的变换。这种变换的有效性不依赖人们对符号的解释，只依赖于符号的组合规律。这一逻辑理论人们常称它为布尔代数。逻辑运算符如表 2-3 所示。

表 2-3 逻辑运算符表

类别	运算符	表达式	说明
逻辑运算符	&&	操作数1 && 操作数2	对两个表达式执行逻辑"与"运算
	||	操作数1 || 操作数2	对两个表达式执行逻辑"或"运算
	!	! 操作数	对两个表达式执行逻辑"非"运算
	( )	(数据类型) 操作数	将操作数强制转换为给定的数据类型

案例学习：了解逻辑运算符和表达式的应用

下面的示例演示了逻辑运算符和表达式的用法。

```
using System;
using System.Collections.Generic;
using System.Linq;
using System.Text;

namespace 逻辑运算符
{
    class Program
    {
        static void Main(string[] args)
        {
            int a = 23, b = 34;
            double c = 1.1, d = 2.2;
            if (a > 30 && b > 30)
                Console.WriteLine("false");
            else
                Console.WriteLine("true");
            if (a > 2.0 && b > 2.0)
                Console.WriteLine("false");
            else
                Console.WriteLine("true");
            Console.ReadLine();
        }
    }
}
```

按 F5 键调试、运行程序，输出结果如图 2-18 所示。

这个程序例子几次使用逻辑运算符的表达式。

```
a > 30 && b > 30
a > 2.0 && b > 2.0
```
逻辑运算符和表达式最主要的用途是处理真值和假值连接在一起的方式。

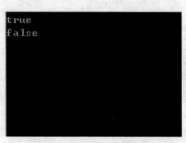

图 2-18 程序运行结果

2.5.4 位运算符和表达式

程序中的所有数在计算机内存中都是以二进制的形式储存的。位运算说透了，就是直接对整数在内存中的二进制位进行操作。位运算符如表 2-4 所示。

表 2-4 位运算符表

类别	运算符	表达式	说明
位运算符	>>	操作数>>3	用于将左操作数的每一个二进制位右移 3 位
	<<	操作数<<3	用于将左操作数的每一个二进制位左移 3 位
	&	操作数1& 操作数2	用于把两个操作数对应的二进制位进行逻辑与操作
	|	操作数1| 操作数2	用于把两个操作数对应的二进制位进行逻辑或操作
	^	操作数1^ 操作数2	用于把两个操作数对应的二进制位进行异或操作
	~	~操作数	对操作数按位取反

案例学习：了解位运算符和表达式的应用

下面的示例演示了位运算符和表达式的用法。

```
using System;
using System.Collections.Generic;
using System.Linq;
using System.Text;

namespace 位运算符
{
    class Program
    {
        static void Main(string[] args)
        {
            int x = 16;
```

```
            Console.WriteLine(x);
            int y = x >> 2;
            Console.WriteLine(y);
            y = y << 2;
            Console.WriteLine(y);
            y = y & 2;
            Console.WriteLine(y);
            y = y | 2;
            Console.WriteLine(y);
            Console.ReadLine();
        }
    }
}
```

按 F5 键调试、运行程序，输出结果如图 2-19 所示。

图 2-19　程序运行结果

这个程序例子几次使用位运算符的表达式。

```
int y = x >> 2;
y = y >> 2;
```

位运算主要是用来处理内存的数据，使其增倍或者减半。

2.5.5　赋值运算符和表达式

将某一数值赋给某个变量的过程，称为赋值。将确定的数值赋给变量的语句称为赋值语句。各程序设计语言有自己的赋值语句；赋值语句也有不同的类型。所赋"值"可以是数字，也可以是字符串和表达式。赋值运算符如表 2-5 所示。

表 2-5　赋值运算符表

类别	运算符	表达式	计算方法
赋值运算符	+=	X+=3	运算结果=操作数 1+操作数 2
	-=	X-=3	运算结果=操作数 1-操作数 2
	*=	X*=3	运算结果=操作数 1*操作数 2
	/=	X/=3	运算结果=操作数 1/操作数 2
	%=	X%=3	运算结果=操作数 1%操作数 2
	=	操作数 1=操作数 2	给变量赋值

赋值运算符"="语法表达式是：

变量 = 表达式；

我们看几个例子，例如：

身高 = 171.5;
体重 = 71;
性别 = "女";

在计算机程序设计语言中，用特定的赋值语句去实现变量的赋值。

2.5.6 条件运算符和表达式

C#中有一个特殊的运输符号，它是由？和:组合的符合，也是语言中唯一的一个三元运算符。第一个操作数是布尔型表达式,根据布尔型表达式的值决定返回后两个操作数值中的一个。条件运算符如表 2-6 所示。

表 2-6 条件运算符表

类别	运算符	表达式	计算方法
三元运算符（条件运算符）	?:	表达式?operand1: operand2	检查给出的第一个表达式 expression 是否为真。如果为真，则计算 operand1，否则计算 operand2。这是唯一带有三个操作数的运算符。

案例学习：了解条件运算符和表达式的应用

下面的示例演示了条件运算符和表达式的用法。

```
using System;
using System.Collections.Generic;
using System.Linq;
using System.Text;

class 条件运算符
{
    static double sinX(double x)
    {
        double r= (x != 0.0) ? Math.Sin(x) / x : 1.0;
        return r;
    }
    static void Main()
    {
        Console.WriteLine(sinX(0.2));
        Console.WriteLine(sinX(0.1));
        Console.WriteLine(sinX(0.0));
        Console.ReadLine();
```

        }
    }

输出结果如图 2-20 所示。

图 2-20　输出结果

如果条件为 True，则计算第一表达式并以它的计算结果为准；如果为 False，则计算第二表达式并以它的计算结果为准。只计算两个表达式中的一个。

使用条件运算符，可以更简洁、雅观地表达。否则可能要求 if-else 结构的计算。例如，上一个程序例子就是为避免在 Sin 函数的计算中被零除而使用了：

r=(x != 0.0) ? Math.Sin(x) / x : 1.0;

它等效于：

if (x != 0.0) r = Math.Sin(x) / x; else r =x: 1.0;

2.6　表达式中的类型转换

 生活常识

一般情况下，动物分两类：高大的动物和矮小的动物。动物园有两扇可以调整高度的门，高大的动物要求走大门，矮小的动物要求走小门。在某些情况下，矮小的动物可以走大门，高大的动物也可以走小门，但是小门必须被调大一点才能让高大的动物进出。这个生活常识与我们提到的数据类型转换非常相似。

数据类型转换是指把一种类型的数据当作另一种类型的数据来使用。类型转换分为隐式转换和显式转换。如果矮小的动物走高的门，也可以被允许，这就是隐式转换的原理。在某些情况下，高大的动物需要走低的门，这时必须强制调整门的高度，把低的门调整为高的门，这就是显示转换的原理。

隐式转换通常是将小容量数据类型转换成大容量数据类型时，由系统自动完成。我们看一个例子，如图 2-21 所示。

```
int a=12;
double b=a;//将int隐式转换为double
```

图 2-21　隐式转换程序

这个例子是用 int 类型的 a 变量给 double 类型 b 变量赋值。在赋值前变量 a 由 32 位 int 类型自动变成 64 位的 double 类型。可以看出在内存中占 32 位的 int 类型数据可以作为 64 位的 long 类型数据使用。并且类型转换是在赋值过程中完成的，不需要做任何特殊处理。

我们可以用一个生活例子理解一下隐式类型转换。

隐式数据类型转换规则：

（1）整型：

①整型不能自动转换成 char 型；

②整型不能自动转换成 bool 型。

（2）小数：

①float、double 不能自动转换成 decimal；

②小数不能自动转换成整数。

（3）布尔类型：布尔类型不能自动转换成其他类型。

可以进行隐式类型转换的数据类型之间的关系，如表 2-7 所示。

表 2-7　可以进行隐式类型转换的数据类型之间的关系表

类型	隐式转换的类型
Byte	short,ushort,int,uint,long,ulong,float,double,decimal
sbyte	short,int,long,float,double,decimal
short	int,long,float,double.decimal
ushort	int,uint,float,ufloat,double,decimal
int	long,float,double,decimal
uint	float,double,decimal
long	float,double,decimal
ulong	float,double,decimal
float	double
char	ushort,int,uint,long,ulong,float,double,decimal

显式转换是将大容量数据类型转换成小容量数据类型时，可能丢失信息，必须使用强制类型转换，否则编译出错。我们看一个例子，如图 2-22 所示。

```
decimal d = 100.99m;
int x = (int)d;
// x的值是100，小数点后的值被舍弃
```

图 2-22　显式转换程序

这个例子是用 decimal 类型的 d 变量给 int 类型 x 变量赋值。在赋值前变量 d 由 64 位 decimal 类型强制变成 32 位的 int 类型。可以看出在内存中占 64 位的 decimal 类型数据不可以直接作为 32 位的 int 类型数据使用，必须进行强制类型转换。并且类型转换是在赋值过程中用"(int)"来完成的。我们可以用一个生活例子理解一下显式类型转换。

显示数据类型转换规则：

（1）除了布尔型外的 13 种简单类型都可以实现的转换：

①按表2-7进行隐式转换；
②无法隐式自动转换的都可以用显示转换。
（2）特别提示：
①可能不成功；
②可能引起信息丢失。

2.7 本章小结

- 变量是存放特定数据类型值的容器，而常量也存放特定数据类型的值，但常量在整个程序中都保持一致。
- 枚举是一组已命名的数值常量。
- 值类型的变量本身包含他们的数据，而引用类型的变量包含的是指向包含数据的内存块的引用。
- 表达式是产生给定类型值的变量、运算符、函数和常量值的任意组合。
- 表达式中的运算符指示对操作数进行什么样的运算。

课后习题

一、编程题

1．电力公司收取电费时，每度电单价已事先设定（0.56元/度），收费员根据当月所用电度数，计算当月应缴电费，并取其整数部分作为实缴的电费，未缴的部分累计至下月收取。编写电费计算程序，输入用电度数，输出应缴的电费，实缴的电费和未缴的电费。

2．编写一个控制台应用程序，要求用户输入4个int值，并显示它们的乘积。

提示：

可以用Convert.ToDouble()命令，该命令可以把用户在控制台上输入的数转换为double，从string转换为int的命令是Convert.ToInt32()。

二、选择题

1．C#语言中每个int类型的变量占用（　　）个字节的内存。
　　A．1　　　　　　　　　　　　　　　B．2
　　C．4　　　　　　　　　　　　　　　D．8

2．在C#语言中，表示一个字符串的变量应使用的语句是（　　）。
　　A．CString str　　　　　　　　　　B．string str
　　C．Dim str as string　　　　　　　D．char * str

3．在C#程序中，入口函数的正确声明为（　　）。
　　A．static int Main(){……}
　　B．static void main(){……}
　　C．static void Main(){……}

D. static Main(){……}
4. 算术表达式是（　　）进行运算的。
   A. 自右至左　　　　　　　　　B. 自左至右
   C. 按照运算符优先级规则　　　D. 按照优先级从低往高
5. 关于C#的基本语法，下列说法正确的是（　　）。
   A. C#语言使用 using 关键字来引用.Net 预定义的名字空间
   B. 用 C#语言编写的程序中，Main 函数是唯一允许的全局变量
   C. C#语言中使用的名称严格区分大小写
   D. C#语言中的每一条语句必须写在一行内

第3章 C#编程基础

本章重点介绍 C#开发语言各类语句语法,以及数组、函数、字符串的应用。通过简单实例,让编程学习者熟练掌握 C#开发语言。

- 在 C#中使用分支结构
- 掌握各种分支结构的区别
- 在 C#中使用循环语句
- 掌握循环语句的相同和区别
- 了解和掌握数组
- 掌握函数的应用
- 知道和学会怎样用字符串

3.1 分支语句

日常举例:

期末过后,班主任要将成绩百分制转换为等级制,需要进行等级分类,90 分以上为甲等,80~89 为乙等,70~79 为丙等,60~69 为丁等,60 分以下为不及格等。这就是生活中的一个分支例子。如果编写程序来完成这个工作,必须用分支语句来实现。

分支语句也叫选择语句,包括:
- if 语句
- switch 语句
- 三元运算符

3.1.1 if 语句的应用

if 语句(if-else),用于根据条件表达式的值执行语句。
语法:
    if(<条件>)
    {

```
           <语句块>
       }
       else
       {
           <语句块>
       }
```

案例学习：了解 if 语句的应用

下面的示例演示了 if 语句的用法。

```
using System;
using System.Collections.Generic;
using System.Linq;
using System.Text;

namespace 分支语句1
{
    class EvenOdd
    {
        public static void Main()
        {
            int Va;
            Va = Int32.Parse(Console.ReadLine());
            if (Va % 2 != 0) Console.WriteLine("This is odd\n");
            else Console.WriteLine("This is even\n");
            Console.ReadLine();
        }
    }
}
```

这个程序读取一个数，然后转换为 int 类型并赋值给 int 类型变量 Va，根据 Va 除 2 的结果判断执行哪条语句。若 Va 除 2 余 0，表示 Va 为偶数，则执行 else 语句 Console.WriteLine("This is even\n")；若 Va 除 2 不余 0，表示 Va 为奇数，则执行后的语句 Console.WriteLine("This is odd\n")。

输出结果如图 3-1 所示。

图 3-1　输出结果

3.1.2　switch 语句的应用

switch 语句（switch case），用于根据选择变量的值确定执行语句。
语法：

> **switch (选择变量)**
> **{**
> **case 值 1：**
> **break;**
> **case 值 2：**
> **break;**
> **case 值 3：**
> **break;**
> **default :**
> **}**

switch 语句的执行情况如图 3-2 所示。

条件 1	语句块 1	{条件 1 成立时执行的操作块}
条件 2	语句块 2	{条件 2 成立时执行的操作块}
...		
条件 n	语句块 n	{条件 n 成立时执行的操作块}
其他	语句块 n+1	{条件都不成立时执行的操作块}

图 3-2　switch 语句的执行

案例学习：了解 switch 语句的应用

下面的示例演示了 switch 语句的用法。

```
using System;
using System.Collections.Generic;
using System.Linq;
using System.Text;

namespace 分支语句 2
{
    class Program
    {
        static void Main(string[] args)
        {
            int intI;
            for(intI =1; intI <11; intI ++)
                switch (intI)
```

```
            {
                case 1: Console.WriteLine("i is zero"); break;
                case 2: Console.WriteLine("i is one"); break;
                case 3: Console.WriteLine("i is two"); break;
                case 4: Console.WriteLine("i is three"); break;
                case 5: Console.WriteLine("i is four"); break;
                default: Console.WriteLine("i is five or more"); break;
            }
            Console.ReadLine();
        }
    }
}
```

按 F5 键调试、运行程序，输出结果如图 3-3 所示。

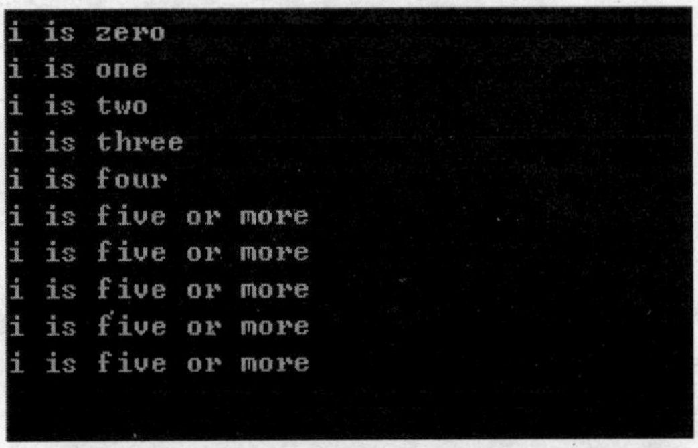

图 3-3　程序运行结果

这段程序根据 int 类型变量 intI 的值确定执行哪条语句。若 intI 的值为 1，则执行 Console.WriteLine("i is zero")，然后利用 break 跳出 Switch 语句范围；若 intI 的值为 2，则执行 Console.WriteLine("i is one ")，然后利用 break 跳出 Switch 语句范围；其他 intI 的值依此类推。但若非 1～5，则要执行 default 后的语句 Console.WriteLine("i is five or more")。

switch case 的其他特性：
- 各个 case 标签不必连续，也不必按特定顺序排列。
- default 标签可位于 switch case 结构中的任意位置。
- default 标签不是必选的，但使用 default 标签是一个良好的编程习惯。
- 每两个 case 标签之间的语句数不限。

3.1.3　三元运算符的应用

三元运算符（…?…:…）也称条件运算符，如果条件为 True，则计算第一表达式并以它的计算结果为准；如果为 False，则计算第二表达式并以它的计算结果为准。只计算两个表达式中的一个。

语法：

condition ? first_expression : second_expression;

案例学习：了解条件运算符的应用

下面的示例演示了条件运算符的用法。

```csharp
using System;
using System.Collections.Generic;
using System.Linq;
using System.Text;

namespace 三元运算符
{
    class MainClass
    {
        static double sinX(double x)
        {
            return x != 0.0 ? Math.Sin(x) / x : 1.0;
        }

        static void Main(string[] args)
        {
            Console.WriteLine(sinX(0.2));
            Console.WriteLine(sinx(0.1));
            Console.WriteLine(sinx(0.0));
            Console.ReadLine();
        }
    }
}
```

按 F5 键调试、运行程序，输出结果如图 3-4 所示。

图 3-4　程序运行结果

这段程序判断 double 类型变量 x 是否不等于 0.0，如果不等于则表达式结果为 Math.Sin(x)/x 的执行结果，x 如果等于 0.0 则表达式结果为 1.0。

使用条件运算符，可以更简洁、雅观地表达那些可以用 if-else 结构的计算。

3.2 循环语句

💡 日常举例

期末过后,班主任要将成绩录入到学生成绩管理系统。班主任做的工作就是循环往复的按着学号将每位学生的各科成绩录入系统。直到所有人的成绩都录入系统。这就是生活中的一个循环操作的例子。如果编写程序来完成这个工作,必须用循环语句来实现。

循环语句用于对一组命令执行一定的次数或反复执行一组命令,直到指定的条件为真。

循环语句的类型:
- while 语句
- do 语句
- for 语句
- foreach 语句

3.2.1 while 循环

💡 生活常识

一位交通警察专门检查关卡处是否有客车通过。如果客车的人数大于 25,则认为客车超载。客车需要停车接受交警检查。这里就是一个 while 循环过程,不断地判断每辆客车的座位数是否小于等于 25,如果小于等于 25,则顺利通过,否则需要停车检查,如图 3-5 所示。

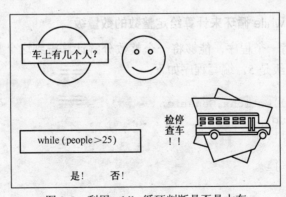

图 3-5 利用 while 循环判断是否是大车

while 循环的语法格式:

    while (条件)
    {
        需要循环执行的语句;
    }

在讲解 while 循环的使用之前,先和 if 语句做一个比较:

```
while(条件)
{
    需要循环执行的语句;
}
if(条件)
{
    条件成立时执行的语句;
}
```
while 循环内的执行语句可能被执行 0 次、多次、无限次，而 if 分支的执行语句可能被执行 0 次或一次。

while 循环的流程如图 3-6 所示。

图 3-6　while 循环的流程图

案例学习：使用 while 循环来计算给定整数的数量级

本次实验要求编写一个程序，能够将一个整数分解计算得到这个整数的数量级。比如整数是 12345，那么数量级是 5。编写程序如下：

```
using System;
using System.Collections.Generic;
using System.Linq;
using System.Text;

namespace 循环语句1
{
    class Program
    {
        static void Main(string[] args)
        {
            int num;
            int count;
            num = 435679;
            count = 0;
            Console.WriteLine("Number:" + num);
```

```
        while (num > 0)
        {
            count++;
            num = num / 10;
        }
        Console.WriteLine("Magnitude:"+count);
        Console.ReadLine();
    }
}
```

按 F5 键调试、运行程序，输出结果如图 3-7 所示。

图 3-7 输出结果

这个程序中，int 类型变量 num 开始被赋值为要被分解计算的整数 435679，在循环体内不断被 10 除，除一次减少一位，变量 count 就累加 1，直到 num 为 0。因为当条件 num>0 表示整数还有数位没有被分解出来，所以要通过条件 num>0 判断是否已经分解结束，也就是判断是否还进行循环操作。

另外，对于 while 循环：
- while 循环用于反复执行指定的语句，直到指定的条件为假。
- break 语句可用于退出循环。
- continue 语句可用于跳过当前循环并开始下一循环。

3.2.2 do-while 循环

💡 生活常识

一位交通警察专门检查关卡处是否有客车通过。如果客车的人数大于 25，则认为客车超载。客车需要停车接受交警检查。这里就是一个 do-while 循环过程，不断的判断每辆客车的人数是否小于等于 25，如果小于等于 25 则顺利通过，否则需要停车检查，如图 3-8 所示。

do-while 循环与 while 循环类似，二者区别在于 do-while 循环中即使条件为假时也至少执行一次该循环体中的语句。

语法：
  do
  {
    //语句
  }while(条件)

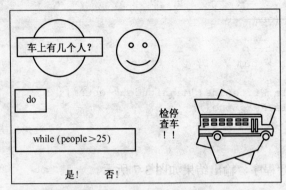

图 3-8 利用 do-while 循环判断是否是大车

对 do-while 和 while 循环结构做一个区别，如图 3-9 所示。

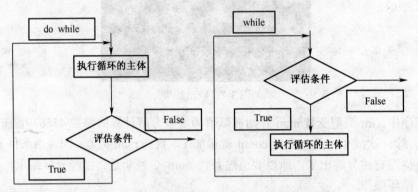

图 3-9 do-while 循环结构与 while 循环结构的比较

案例学习：使用 do-while 循环来连续输出 0～4

本次实验要求编写一个程序，能够将 0～4 分别输出到屏幕上。编写程序如下：

```
using System;
using System.Collections.Generic;
using System.Linq;
using System.Text;

namespace 循环语句2
{
    class TestDoWhile
    {
        static void Main(string[] args)
        {
            int nu = 0;
            do
            {
                Console.WriteLine(nu);
                ++nu;
            }
```

```
            while (nu < 5);
            Console.ReadLine();
        }
    }
}
```

按 F5 键调试、运行程序，输出结果如图 3-10 所示。

图 3-10　输出结果

这个程序中，int 类型变量 nu 开始被赋值为 0，在循环体内不断被累加 1，直到 nu 为 5。因为当条件 nu<5 表示 nu 的范围还在 0～4 之间，所以要通过条件 nu<5 判断是否已经完成输出，也就是判断是否还进行循环操作。

3.2.3　for 循环

语法：

  for (初始值;条件;增/减)

  {

    //语句

  }

- for 循环要求只有在对特定条件进行判断后才允许执行循环。
- 这种循环用于将某个语句或语句块重复执行预定次数的情形。

完整的 for 循环结构的执行顺序如图 3-11 所示。

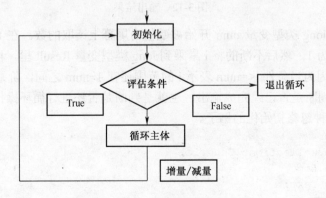

图 3-11　for 循环的流程图

案例学习：在 for 循环里计算一个阶乘

本次实验要求编写一个程序，能够将某数的阶乘计算出来并输出在屏幕上。编写程序如下：

```csharp
using System;
using System.Collections.Generic;
using System.Linq;
using System.Text;

namespace 循环语句3
{
    class Program
    {
        static void Main(string[] args)
        {
            long Result = 1;
            long i = 1;
            long num = Int64.Parse(Console.ReadLine());
            for (i=1; i <= num; i++)
                Result *= i;
            Console.WriteLine("{0}!is{1}", num, Result);
            Console.ReadLine();
        }
    }
}
```

按 F5 键调试、运行程序，输出结果如图 3-12 所示。

图 3-12　输出结果

这个程序中，long 类型变量 num 开始被赋值为屏幕上读取的数。在 for 循环体内将 long 类型变量 i 初始化为 1，然后不断的将 i 累乘到 long 类型变量 Result 里，再对 i 加 1 操作直到 i 大于 num 的值。因为当条件 i<=num 表示 i 的范围还在 1-num 之间，阶乘没有结束，所以要通过条件 i<=num 判断是否已经完成输出，也就是判断是否还进行循环操作。

我们再看另一种忽略初始化的例子。

```csharp
using System;
using System.Collections.Generic;
using System.Linq;
using System.Text;

namespace 循环语句4
```

```
{
    class Program
    {
        static void Main(string[] args)
        {
            long Result = 1;
            long i = 1;
            long num = Int64.Parse(Console.ReadLine());
            for (; i <= num; i++)
                Result *= i;
            Console.WriteLine("{0}!is{1}", num, Result);
            Console.ReadLine();
        }
    }
}
```

按 F5 键调试、运行程序，输出结果如图 3-13 所示。

图 3-13 输出结果

这个程序与上一个程序的区别是 long 类型变量 i 被初始化为 1，不是在 for 语句内实现的，是在 for 语句之前完成的。

我们再看另一种改变，是把++操作符移到内含语句中的例子。

```
using System;
using System.Collections.Generic;
using System.Linq;
using System.Text;

namespace 循环语句5
{
    class Program
    {
        static void Main(string[] args)
        {
            long Result = 1;
            long i = 1;
            long num = Int64.Parse(Console.ReadLine());
            for (; i <= num; )
                Result *= i++;
            Console.WriteLine("{0}!is{1}", num, Result);
            Console.ReadLine();
        }
    }
}
```

按 F5 键调试、运行程序，输出结果如图 3-14 所示。

图 3-14 输出结果

这个程序与上一个程序的区别是 long 类型变量 i 累加 1，不是在 for 语句内实现的，是在 for 语句循环体内完成的。

3.2.4 foreach 循环

💡 **生活常识：**

在学生成绩管理系统中，有个功能就是对班上每一个学生进行分数计算，然后汇总计算总分。在计算过程中，程序将所有学生看成一个集合，每个学生是集合中的一个对象，然后将每个对象一一计算处理。对象一一处理的过程就可以用 foreach 循环完成。foreach 循环会按着对象在集合中的顺序将对象一一处理，直到最后一个对象完成。它本身不需要编写判断条件，程序会自动加入默认判断条件（是否到集合最后一个对象）。另外，数组也可以用 foreach 循环处理，如图 3-15 所示。

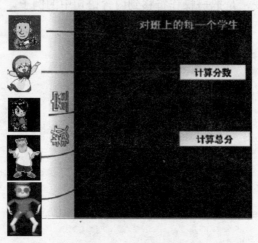

图 3-15 利用 foreach 循环计算学生分数

语法：

    foreach(数据类型　变量　in　集合或者数组)
    {

//语句
}

foreach 循环用于自动遍历整个集合或数组。foreach 语句中有个变量，它是一个只读的局部变量。遍历过程中，每一次都把集合中的元素赋给该变量。

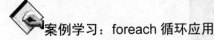案例学习：foreach 循环应用

本次实验要求编写一个程序，能够将一段输入的字符进行分析判断，输出字母的个数、数字的个数、符号的个数。编写程序如下：

```
using System;
using System.Collections.Generic;
using System.Linq;
using System.Text;

namespace 循环语句6
{
    class Program
    {
        static void Main(string[] args)
        {
            // 存放字母的个数
            int LettersNum = 0;
            // 存放数字的个数
            int DigitsNum = 0;
            // 存放标点符号的个数
            int PunctuationsNum = 0;
            // 用户提供的输入
            string input;
            Console.WriteLine("put into a string:");
            input = Console.ReadLine();
            // 声明 foreach 循环以遍历输入字符串中的每个字符
            foreach (char chr in input)
            {
                // 检查字母
                if (char.IsLetter(chr))
                    LettersNum++;
                // 检查数字
                if (char.IsDigit(chr))
                    DigitsNum++;
                // 检查标点符号
                if (char.IsPunctuation(chr))
                    PunctuationsNum++;
            }
            Console.WriteLine("the number of Letter: {0}", LettersNum);
            Console.WriteLine("the number of digits: {0}", DigitsNum);
            Console.WriteLine("the number of Punctuation: {0}", PunctuationsNum);
            Console.ReadLine();
        }
    }
}
```

输出结果如图 3-16 所示。

```
put into a string:
I hvve 5 friends.
the number of Letter: 12
the number of digits: 1
the number of Punctuation: 1
```

图 3-16　输出结果

对这段程序进行分析，如图 3-17 所示。

```
using System;
using System.Collections.Generic;
using System.Linq;
using System.Text;

namespace xunhuan
{
    class Program
    {
        static void Main(string[] args)
        {
            // 存放字母的个数
            int LettersNum = 0;
            // 存放数字的个数
            int DigitsNum = 0;
            // 存放标点符号的个数
            int PunctuationsNum = 0;
            // 用户提供的输入
            string input;
            Console.WriteLine("put into a string:");
            input = Console.ReadLine();
            // 声明foreach循环以遍历输入字符串中的每一个字符
            foreach (char chr in input)
            {
                // 检查字母
                if (char.IsLetter(chr))
                    LettersNum++;
                // 检查数字
                if (char.IsDigit(chr))
                    DigitsNum++;
                // 检查标点符号
                if (char.IsPunctuation(chr))
                    PunctuationsNum++;
            }
            Console.WriteLine("the number of Letter: {0}", LettersNum);
            Console.WriteLine("the number of digits: {0}", DigitsNum);
            Console.WriteLine("the number of Punctuation: {0}", PunctuationsNum);
            Console.ReadLine();
        }
    }
}
```

注释说明：
- 为所有计数器设置初始值
- 接受输入
- 对输入的每一个字符都进行循环
- 遍历了所有输入的字符之后，循环自动终止

图 3-17　foreach 循环应用程序分析

3.3　跳转语句

生活常识

当你在银行办理业务时，你要取票号并根据票号顺序排队等待服务。倘若你是 VIP 用户，你可以跳出等待队列，直接去办理业务。跳转语句可以实现普通用户到 VIP 用户的跳跃，不

必继续等待。

C#语言中，常用的跳转语句有：
- break
- continue
- return

3.3.1 break 语句

break 语句是在执行循环过程中，可能希望循环体未执行完时就退出循环，而不是整个循环体执行完毕才退出，此时可以应用一个关键字——break。

案例学习：了解 break 语句的应用

下面的示例演示了 break 语句的用法。

```
using System;
using System.Collections.Generic;
using System.Linq;
using System.Text;

namespace 跳转语句1
{
    class mycouter
    {
        public static void Main()
        {
            for (int counter = 1; counter <= 9999; counter++)
            {
                if (counter == 99)
                    break;
                Console.WriteLine(counter);
                Console.ReadLine();
            }
        }
    }
}
```

在这个程序中，当 counter 的值为 99 时，执行 break 语句，for 循环终止。程序继续执行 for 循环后面的语句。

3.3.2 continue 语句

continue 语句是用于结束本次循环（即跳过本次循环尚未执行的语句），执行下一次循环。

案例学习：了解 continue 语句的应用

下面的示例演示了 continue 语句的用法。

```
using System;
using System.Collections.Generic;
using System.Linq;
using System.Text;
```

```
namespace 跳转语句2
{
    class mycouter
    {
        public static void Main()
        {
            int i = 0, total = 0;
            while (i < 9999)
            {
                i++;
                if (i % 2 == 0)
                    continue;
                total += i;
            }
            Console.ReadLine();
        }
    }
}
```

在这个程序中，当counter的值为2的倍数时，执行continue语句跳过语句total+=i执行while循环的下一轮。

3.3.3 return 语句

return 语句表示返回，通常在一个函数或方法中使用，目的是结束当前函数或方法的顺序执行，使整个语句块跳出，并将值返回到调用它的函数或方法。

如果函数不用返回值，那么它定义的数据类型是void，函数体内不需要return语句，也可以返回return 空值；如果函数有返回值，那么就要求返回值数据类型和函数定义的数据类型一致。

例如：

```
public static int Fun(int a)
{
    return 12 * a;
}
```

这里就是返回与int一样类型的数，在return的后面可以直接返回某一个参数，也可以是表达式的求值。例如：

```
return 1000;
return a;
return a+b;
return Sub(a,b);
return;
```

3.4 数组

日常举例

动物园要对某一类动物的个体信息进行登记管理。这类动物的信息可以用数组管理，数组的长度表示这类动物的数量，每个动物是这个数组中的一个元素，元素的下标就是这个动物的编号，每个数组元素存放一个动物个体信息。因而使用数组可以更直观、方便地描述数据。

（1）数组有基本的特性：

1）所有数组元素必须为同一数据类型；

2）数组元素表示该数据类型的一个个体，可以用来存放该数据类型的数据，相当于一个该数据类型的变量；

3）数组的元素是有序的，其索引从 0 开始。

使用数组之前要对数组定义。

（2）数组的定义：

定义数组类型语法如下：

  数据类型[ ]

（3）数组声明：

1）声明数组（不用指定其大小）：

  数据类型[ ] 数组变量；

2）用 new 关键字进行实例化（需要指定大小，可以用变量）：

  数组变量 = new 数据类型[元素个数]{各个元素的值}；

定义后，要对数组进行初始化。

（4）数组的初始化：

1）用 new 初始化。

形式是用 { , , } 列表的方式完成初始化，这就是前面在数组声明里提到的用 new 关键字实例化数组中的"{各个元素的值}"。值与值之间用","隔开。有几个元素就需要几个值。

2）默认初始化。

new 时，如果没有初始化，则编译器会根据数组元素的类型，对元素进行默认的初始化。不同类型初始化的值不同，下面就是最常用数据类型的初始化值：

① 数值型 = 0

② bool 型 = false

③ 引用型 = null

我们看一个数组默认初始化的例子。

```
int[] a = new int[3];
```

数组 a 是 int 类型的数组，用 new 实例化过程中给它定义了 3 个元素，并进行了初始化。这个初始化过程没有用"{元素1,元素2,元素3}"对数组进行赋值。而是进行了默认初始化赋值操作。程序在内存中所进行的操作结果如图 3-18 所示。

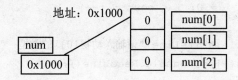

图 3-18　数组 a 默认初始化后内存中各个元素的值

数组初始化后，可以被使用。

数组元素的访问。访问单个数组元素可以采用这种格式：

数组名[下标]

如：
```
math[1] = 80;
Console.writeLine(math[1]);
```

数组的应用范围很广，比如：学生分数的整数数组，职员姓名的字符串数组，室温的浮点数组，如图 3-19 所示。

图 3-19　数组的应用

案例学习：数组的应用（一）——登记动物的类型

本次实验要求编写一个程序，能够登记一组动物的类型，并将姓名按着录入顺序输出到屏幕上。编写程序如下：

```
using System;
using System.Collections.Generic;
using System.Linq;
using System.Text;

namespace 数组
{
    class Program
    {
        static void Main(string[] args)
        {
            int count;
            Console.WriteLine("请输入您要登记的动物数量：");
            count = int.Parse(Console.ReadLine());
            string[] names = new string[count];
            for (int i = 0; i < count; i++)
            {
                Console.WriteLine("请输入动物{0} 的类型：", i + 1);
                names[i] = Console.ReadLine();
            }
            Console.WriteLine("已登记的动物如下：");
            foreach (string disp in names)
```

```
            {
                Console.WriteLine("{0}", disp);
            }
            Console.ReadLine();
        }
    }
}
```

输出结果如图 3-20 所示。

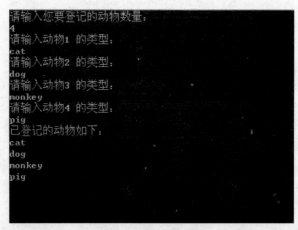

图 3-20　输出结果

对这段程序进行分析,如图 3-21 所示。

```
using System;
using System.Collections.Generic;
using System.Linq;
using System.Text;

namespace 数组
{
    class Program
    {
        static void Main(string[] args)
        {
            int count;
            Console.WriteLine("请输入您要登记的动物数量：");
            count = int.Parse(Console.ReadLine());         数组声明
            string[] names = new string[count];
            for (int i = 0; i < count; i++)
            {
                Console.WriteLine("请输入动物{0} 的类型：", i + 1);   初始化数组
                names[i] = Console.ReadLine();                      元素的循环
            }
            Console.WriteLine("已登记的动物如下：");
            foreach (string disp in names)
            {
                Console.WriteLine("{0}", disp);            显示输出的循环
            }
            Console.ReadLine();
        }
    }
}
```

图 3-21　数组应用程序分析

案例学习：数组的应用（二）——建立一个有 8 个元素的整数数组 array，输出奇数和偶数个数

本次实验要求编写一个程序，能够将存放在数组中的 8 个数值区分出奇数和偶数，并在屏幕上输出奇数和偶数的个数。编写程序如下：

```csharp
using System;
using System.Collections.Generic;
using System.Linq;
using System.Text;

namespace 数组1
{
    class ForeachDemo
    {
        static void Main(string[] args)
        {
            int odd = 0, even = 0;
            int[] array = new int[] { 10, 11, 12, 13, 15, 18, 13, 28};
            foreach (int i in array)
            {
                if (i % 2 == 0)
                    even++;
                else
                    odd++;
            }
            Console.WriteLine("{0},{1}", odd, even);
            Console.ReadLine();
        }
    }
}
```

按 F5 键调试、运行程序，输出结果如图 3-22 所示。

图 3-22 输出结果

该程序定义了一个 int 类型的数组 array，并用 new 实例化，在实例化的过程中进行初始化，给各个元素赋初值"{10, 11, 12, 13, 15, 18, 13, 28}"。然后用 foreach 循环进行奇偶数分析统计。在程序数组 array 中的各个元素的值分别赋值给 int 类型变量 i，对变量 i 的运算就是对数组各个元素的运算。

C#中数组的特点如下：
- C#中的数组继承自 System.Array 类
- 常用属性

  Length　　　　数组中元素的个数
- 常用方法：

  Sort　　　　对数组元素进行排序（静态）

  Clear　　　　将元素设置为默认输出值 0 或 null（静态）

  Clone　　　　创建数组的拷贝（返回 object）

  GetLength　　获取数组指定维的元素个数

  IndexOf　　　某个值在数组中首次出现的索引（静态）

具体应用实例请参见 Visual Studio 2008 帮助提供的案例。

3.5　字符串

在 C#语法中，可以使用.NET Framework 的类库提供的字符串类 System.String 来定义、处理字符串，所以字符串是对象。

字符串的种类及其定义：

1. 规则字符串

格式：

　　　　string 字符串变量名[=字符串初值];

2. 逐字字符串

逐字字符串由@字符后跟双引号括起来的零个或多个字符组成。

格式：

　　　　string 字符串变量名[=@字符串初值];

构造一个字符串的最简单方法是使用字符串直接量，例如，下面的 str 是一个 string 类型的引用变量，给定了一个指向字符串直接量的引用。

```
string str="C# Language are powerful";
```

案例学习：了解字符串的应用

下面的示例演示了字符串的用法。

```
using System;
using System.Collections.Generic;
using System.Linq;
using System.Text;

namespace 字符串
{
    class StringDemo
    {
        public static void Main()
        {
            char[] charray ={ 'A', ' ', 's', 't', 'r', 'i', 'n', 'g', '.' };
```

```
            string str1 = new string(charray);
            string str2 = "Anothor a string";
            Console.WriteLine(str1);
            Console.WriteLine(str2);
            Console.ReadLine();
        }
    }
}
```

输出结果如图 3-23 所示。

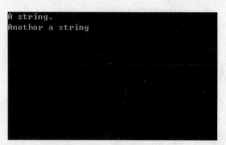

图 3-23　输出结果

这个程序定义了两个 string 类型的变量 str1 和 str2，它们都作为字符串使用。实例化过程略有不同，str1 用 new 实例化，并且是将一个字符串数组转换成一个字符串，str2 用字符串值直接赋值的形式实例化。最后，两个字符串的变量被读取输出在屏幕上。

字符串是可以比较大小的，我们首先看一下字符串关系比较规则：
- 任何字符串（包括空字符串""）的比较结果都大于空引用 null。
- 两个空引用 null 的比较结果为相等。
- 两个字符串 A、B 逐一字符比较，遇到 A 中 n 位的 a 字符比 B 中 n 位的 b 字符大时，A 字符串大于 B 字符串，若 a 字符比 b 字符小则 A 字符串小于 B 字符串。
- 两个字符串一直比较到一个字符串的末尾时还相等，而另一个字符串仍有剩余字符，则带有剩余字符的字符串被认为较大。若没有剩余则两个字符串相等。

根据字符串的比较规则可以对字符串进行查找操作。字符串查找的用途是，通过字符串查找功能，可以快速的查询指定字符或字符串的位置，方便用户浏览。常用的字符串查找方法有：

```
public   int IndexOf(char value);
```
该方法返回第一次出现 value 字符的位置，从 0 算起。
```
public int IndexOf(string value);
```
该方法返回第一次出现 value 字符串的位置，从 0 算起。

具体应用实例请参见 Visual Studio 2008 帮助提供的案例。

字符串与 char 类型数据的比较：
- string 是 char 的有序只读的集合，用于表示文本字符串。
- string 类的索引值是 char 对象在 string 中的位置。

小知识

多数 unicode 字符可由一个 char 对象表示，但编码为基字符、代理项对和/或组合字符序列的字符由多个 char 对象表示。因此，string 对象中的 char 结构不一定与单个 unicode 字符等效。

3.6 函数

函数也称方法，是类中用于执行计算或其他行为的成员，它包含一系列的代码块，在 C# 中每个执行指令都是在方法的代码中完成的。分为两类：一是实例函数（不用 static 关键字定义）；二是静态函数（用 static 关键字定义）。

函数声明：

　　[访问修饰符] 返回类型 方法名([形式化参数表])
　　{
　　　　语句块或空语句的分号
　　}

函数的调用分为实例函数调用和静态函数调用。

实例函数的调用：

　　对象名.方法名([实际参数列表])

静态函数的调用：

　　类名.方法名([实际参数列表])

函数的返回值。函数可以返回各种形式的值。常用的格式是：

　　static return-type function-name()
　　{
　　　　return return-data;
　　}

函数的参数是一种变量，用来控制随其变化而变化的其他量。

函数参数类型，C# 2008 中函数的参数有 4 种类型：

- 值参数，不包含任何修饰符。
- 输入引用参数，以 ref 修饰符声明。
- 输出引用参数，以 out 修饰符声明。
- 数组型参数，以 params 修饰符声明。

3.6.1 值参数

值参数，当利用值参数向方法传递参数时，编译程序会把参数值复制一份传递给函数。所以函数的作用不会影响实际参数。

案例学习：了解值参数的应用

下面的示例演示了值参数的用法。

```
using System;
using System.Collections.Generic;
using System.Linq;
using System.Text;
```

```
namespace 值类型
{
    class ValueType
    {
        static void Main(string[] args)
        {
            Test m = new Test();
            int num1 = 1, num2 = 2;
            m.Swap(num1, num2);
            Console.WriteLine("i={0},j={1}", num1, num2);
            Console.ReadLine();
        }
    }
    class Test
    {
        public void Swap(int a, int b)
        {
            int temp = a;
            a = b;
            b = temp;
        }
    }
}
```

按 F5 键调试、运行程序，输出结果如图 3-24 所示。

图 3-24 输出结果

3.6.2 输入引用参数及输出引用参数

1. 输入引用参数

输入型引用参数，引用参数并不开辟新的内存区域，当利用引用型参数向方法传递实参时，编译程序将把实际值在内存中的地址传递给方法。ref 关键字后应跟与形参类型相同的类型声明。

案例学习：了解输入型引用参数的应用

下面的示例演示了输入型引用参数的用法。

```
using System;
using System.Collections.Generic;
using System.Linq;
```

```
using System.Text;

namespace 引用参数
{
    class ReferenceType
    {
        static void Main(string[] args)
        {
            Test m = new Test();
            int num1 = 1, num2 = 2;
            m.Swap(ref num1, ref num2);
            Console.WriteLine("i={0},j={1}", num1, num2);
            Console.ReadLine();
        }
    }
    class Test
    {
        public void Swap(ref int a, ref int b)
        {
            int temp = a;
            a = b;
            b = temp;
        }
    }
}
```

按 F5 键调试、运行程序，输出结果如图 3-25 所示。

图 3-25　输出结果

2．输出引用参数

（1）输出引用参数与输入型参数引用重载不同的是虽然也不开辟新的内存区域，但在调用方法前无须对变量进行初始化。

（2）out 关键字后应跟随与形参类型相同的类型声明。在方法调用前不会被初始化，可是在方法返回后，传递的变量必须被初始化。

3.6.3　数组型参数

数组型参数，在 C# 2008 中，当参数个数不定时，可以使用 params 关键字来定义。参数数组可以简化代码，因为不必从调用代码中传递数组，而可以传递可在函数中使用的一个数组中相同类型的几个参数。

案例学习：了解数组型参数的应用

下面的示例演示了数组型参数的用法。

```csharp
using System;
using System.Collections.Generic;
using System.Linq;
using System.Text;

namespace 数组型参数
{
    class Text
    {
        static void Func(params int[] args)
        {
            Console.Write("Array constains{0} elements:", args.Length);
            foreach (int i in args)
            {
                Console.Write("{0}", i);
                Console.WriteLine();
            }
            Console.ReadLine();
        }
        static void Main(string[] args)
        {
            int[] arr = { 1, 2, 3 };
            Func(arr);
        }
    }
}
```

按 F5 键调试、运行程序，输出结果如图 3-26 所示。

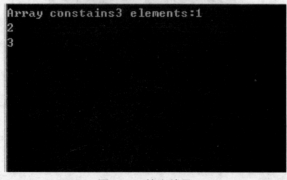

图 3-26　输出结果

3.6.4　局部变量与全局变量

变量的作用域，决定了变量的可见性和生命周期。下面将一一介绍各种类型变量的作用域。

1. 局部变量

案例学习：了解局部变量的应用

下面的示例演示了局部变量的用法。

```csharp
using System;
using System.Collections.Generic;
using System.Linq;
using System.Text;

namespace 局部变量
{
    class Program
    {
        static void Write()
        {
            string myString = "String in PutIn()";
            Console.WriteLine("Now in PutIn()");
            Console.WriteLine("String={0}", myString);
        }
        static void Main(string[] args)
        {
            string myString = "String in Main()";
            Write();
            Console.WriteLine("\nNow in main()");
            Console.WriteLine("String={0}", myString);
            Console.ReadLine();
        }
    }
}
```

按 F5 键调试、运行程序，输出结果如图 3-27 所示。

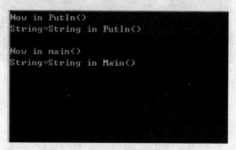

图 3-27 输出结果

2. 全局变量

案例学习：了解全部变量的应用

下面的示例演示了全部变量的用法。

```csharp
using System;
```

```
using System.Collections.Generic;
using System.Linq;
using System.Text;

namespace 全局变量
{
    class Program
    {
        static string mString;
        static void PutIn()
        {
            string mString = "string in PutIn()";
            Console.WriteLine("Now in PutIn()");
            Console.WriteLine("Local string={0}", mString);
            Console.WriteLine("Global myString={0}", Program.mString);
        }
        static void Main(string[] args)
        {
            string mString = "string in Main()";
            Program.mString = "Global string";
            PutIn();
            Console.WriteLine("\nNow in main()");
            Console.WriteLine("Local mString={0}", mString);
            Console.WriteLine("Global mString={0}", Program.mString);
            Console.ReadLine();
        }
    }
}
```

按 F5 键调试、运行程序，输出结果如图 3-28 所示。

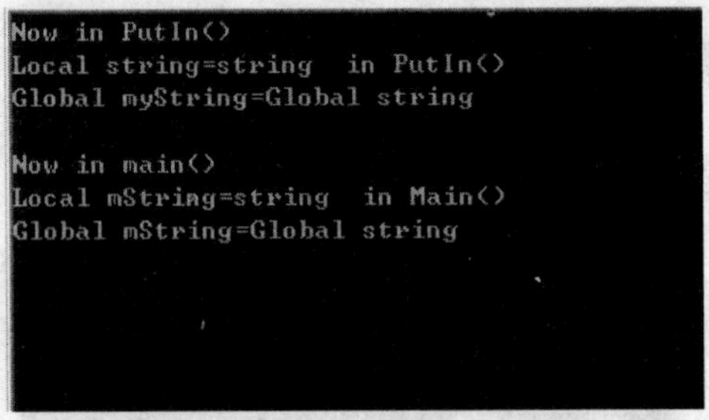

```
Now in PutIn()
Local string=string  in PutIn()
Global myString=Global string

Now in main()
Local mString=string  in Main()
Global mString=Global string
```

图 3-28　输出结果

3.6.5　Main()函数

在整个程序中只存在一个名为 Main 的函数，是程序的入口点，程序将在此处创建对象和调用方法。一个程序只能有一个入口点，即一个程序只能有一个 Main()函数。

C#程序中的 Main 函数有四种情况：

```
static void Main()
    {
    }
    static int Main()
    {
    }
```

```
static void Main(string[] args)
{
}
static int Main(string[] args)
{
}
```

我们看一个小例子,如以下程序段所示。

```
static void Main()
{
    console.Write("hello c#");
}
```

C#的 Main()是应用程序的入口点,执行这个函数就是执行应用程序。也就是说,在执行过程开始时,会执行 Main()函数,在 Main()函数执行完毕时,执行过程就结束了。

3.6.6 结构函数

结构函数的重要功能就是可以包含函数和数据。这初看起来很奇怪,但实际上是非常有用的。

我们看一个小例子,如以下程序段所示。

```
struct customerName
{
    public string firstName, lastName;
}
```

如果变量的类型是 customerName,并且要在控制台上输出一个完整的名称,就必须从其组件部分建立该名称。例如,customerName 变量 myCustomer 可以使用下述语法:

```
customerName myCustomer;
myCustomer.firstName = "Tom";
myCustomer.lastName = "Alexander";
Console.WriteLine("{0}{1}",myCustomer .firstName ,myCustomer .lastName );
```

把函数添加到结构中,就可以集中处理常见任务,简化这个过程。可以把合适的函数添加到结构类型中,如下所示。

```
struct customerName
{
  public string firstName, lastName;
  public string Name()
  {
    return firstName +" "+ lastName;
  }
}
```

3.7 综合应用实例

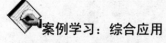
案例学习:综合应用

本次实验要求编写一个程序,能够将汤姆这名同学的姓名、年龄和幸运数字显示在屏幕上。要求用到变量、数组、字符串、循环、结构、函数等技术知识。编写程序如下:

```
using System;
using System.Collections.Generic;
using System.Linq;
using System.Text;

namespace 综合应用
{
    class Program
    {
        static void Main(string[] args)
        {
            student.name = "Tom";
            student.age = 18;
            int[] datas = new int[3];
            datas[0] = 67;
            datas[1] = 77;
            datas[2] = 12;
            Console.WriteLine(student.name + "年龄: " + student.age + "\n\n幸运数字是: ");
            foreach (int i in datas)
            {
                Console.Write(i + " ");
            }
            Console.ReadKey();
        }
    }
    public struct student
    {
        public static string name;
        public static int age;
        public student(string a, int b)
        {
            name = a;
            age = b;
        }
    }
}
```

按 F5 键调试、运行程序，输出结果如图 3-29 所示。

图 3-29　输出结果

3.8 本章小结

- C#提供了以下类型的选择结构：
  ① if
  ② if-else
  ③ switch-case
- C#提供了以下类型的循环结构：
  ① while 循环
  ② do 循环
  ③ for 循环
  ④ foreach 循环
- 数组是可将同一类型的多个数据元素作为单个实体存放的一种数据结构。
- C#中的结构可以在其内部定义方法并可包括一个构造函数。
- 在一个类里定义的方法，提供针对类里的变量所运行的一些操作。

课后习题

一、编程题

1. 某城市不同品牌的出租车的价格是：捷达 5 元起价，1 公里内收起步价，1 公里外按 1.4 元/公里收取；速腾 7 元起价，1 公里内收起步价，1 公里外按 1.4 元/公里收取；红旗 10 元起价，1 公里内收起步价，1 公里按 1.5 元/公里收取。编写程序，从键盘输入乘车车型和乘车公里数，输出应付的车费。

提示：根据实际的需要选择 switch 语句或 if 语句。

2. 声明一个数组，将一年中的 12 个月的英文存入其中。当用户输入某个月份的数字时，打印出该月份对应的英文。若输入 0 则退出，并提供输入信息不合法提示，如：

请输入月份数，若输入 0 则退出：（输入 2，显示 February）

    2

    February

提示：声明一个含 12 个元素的字符串数组并赋值为：January，February，March，April，May，June，July，August，September，October，November 和 December。

二、填空题

1. do-while 语句在执行循环体_____测试语句是否满足循环条件；while 语句在执循环体_____测试语句是否满足循环条件。在执行循环语句时，语句_____可以跳过剩下的部分循环体，直接执行下一次循环。

2. 用_____的方法可以获取字串或字符的索引。

3. 数组用时按照_____、_____、_____来进行描述。

三、选择题

1. 下列语句创建了（　　）个 string 对象。
   string[,] strArray=new string[3][4];
   A. 0　　　　　　　　　　　　B. 3
   C. 4　　　　　　　　　　　　D. 12

2. 在 C#中，下列（　　）语句可以创建一个具有 3 个初始值为""元素的字符串数组。
   A. string StrList[3]("");
   B. string[3] StrList = {"","",""};
   C. string[] StrList = {"","",""};
   D. string[] StrList = new string[3];

3. C#中，新建一字符串变量 str，并将字符串"Tom's Living Room"保存到串中，则应该使用下列（　　）语句。
   A. string str = "Tom\'s Living Room";
   B. string str = "Tom's Living Room";
   C. string str("Tom's Living Room");
   D. string str("Tom"s Living Room");

第 4 章 面向对象编程基础

本章重点介绍 C#开发语言所涉及的面向对象的基本概念，类、字段、方法、属性的定义及使用。通过简单实例，让致力于学习该语言的读者开始认识 C#语言的面向对象编程基础。

- 熟练掌握类的定义与使用
- 熟练掌握类的字段
- 熟练掌握类的构造函数
- 熟练掌握类方法的定义和使用
- 掌握类属性的定义和使用

4.1 面向对象概念

面向对象简称 OO（Object-Oriented），如图 4-1 所示。

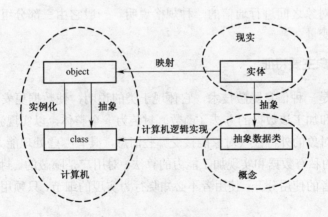

图 4-1 面向对象概念

4.1.1 面向对象的基本概念

对象：对象是要研究的任何事物。从一本书到一家图书馆，单的整数到整数列庞大的数据库、极其复杂的自动化工厂、航天飞机都可看作对象，它不仅能表示有形的实体，也能表示无形的（抽象的）规则、计划或事件。对象由数据（描述事物的属性）和作用于数据的操作（体现事物的行为）构成一独立整体。从程序设计者来看，对象是一个程序模块，从用户来看，对象为他们提供所希望的行为。在对内的操作通常称为方法。对于对象的理解，如图4-2所示。

图 4-2 对象概念举例

由于对象是现实世界中某个具体的物理实体在计算机逻辑中的映射和体现，所以有：
- 属性是一种特征——>变量，指某个数据
- 行为是一种动作——>方法，指实现某个功能

类：类是对象的模板。即类是对一组有相同数据和相同操作的对象的定义，一个类所包含的方法和数据描述一组对象的共同属性和行为。类是在对象之上的抽象，对象则是类的具体化，是类的实例。类可有其子类，也可有其他类，形成类层次结构。

消息：消息是对象之间进行通信的一种规格说明。一般它由三部分组成：接收消息的对象、消息名和实际变量。

4.1.2 面向对象主要特征

封装性：封装是一种信息隐蔽技术，它体现于类的说明，使数据更安全，是对象的重要特性。封装使数据和加工该数据的方法（函数）封装为一个整体，以实现独立性很强的模块，使得用户只能见到对象的外特性（对象能接受哪些消息，具有哪些处理能力），而对象的内特性（保存内部状态的私有数据和实现加工能力的算法）对用户是隐蔽的。封装的目的在于把对象的设计者和对象者的使用分开，使用者不必知晓行为实现的细节，只须用设计者提供的消息来访问该对象。

继承性：继承性是子类自动共享父类之间数据和方法的机制。它由类的派生功能体现。一个类直接继承其他类的全部描述，同时可修改和扩充。

继承具有传递性和单根性。如果 B 类继承了 A 类，而 C 类又继承了 B 类，则可以说，C 类在继承了 B 类的同时，也继承了 A 类，C 类中的对象，可以实现 A 类中的方法。一个类，只能够同时继承另外一个类，而不能同时继承多个类，通常所说的多继承是指一个类在继承其

父类的同时,实现其他接口。类的对象是各自封闭的,如果没继承性机制,则类对象中数据、方法就会出现大量重复。继承支持系统的可重用性,从而达到减少代码量的作用,而且还促进系统的可扩充性。

多态性:对象根据所接收的消息而做出动作。同一消息为不同的对象接受时可产生完全不同的行动,这种现象称为多态性。利用多态性用户可发送一个通用的信息,而将所有的实现细节都留给接受消息的对象自行决定,如是同一消息即可调用不同的方法。例如:将 Print 消息发送给图或表时调用的打印方法与将同样的 Print 消息发送给正文文件而调用的打印方法会完全不同。多态性的实现受到继承性的支持,利用类继承的层次关系,把具有通用功能的协议存放在类层次中尽可能高的地方,而将实现这一功能的不同方法置于较低层次,这样,在这些低层次上生成的对象就能给通用消息以不同的响应。在 OOPL(面向对象程序设计)中可通过在派生类中重定义基类函数(定义为重载函数或虚函数)来实现多态性。

综上可知,在 OO 方法中,对象和传递消息分别表现事物及事物间相互联系的概念。类和继承是适应人们一般思维方式的描述范式。方法是允许作用于该类对象上的各种操作。这种对象、类、消息和方法的程序设计范式的基本点在于对象的封装性和类的继承性。通过封装能将对象的定义和对象的实现分开,通过继承能体现类与类之间的关系,以及由此带来的动态联编和实体的多态性,从而构成了面向对象的基本特征。

4.1.3 类与对象

类是 C#中的一种结构,用于在程序中模拟现实生活的事物。

我们看一个实例:

```
class Employee
{
    // 类的主体
    // 成员变量
    // 成员方法
}
```

C#程序中类与对象的关系:
- 类是一种抽象的数据类型。
- 将类实例化成对象后方可使用。
- C#中用 new 运算来创建对象。

例如:

```
Employee objEmployee;
objEmployee = new Employee();
```

这个例子用前面定义的类 Employee 来定义一个对象 objEmployee,并用 new 进行实例化。

```
Form1 frm = new Form1();
frm.Show();
```

这个例子是用窗体类 Form1 来定义一个窗体对象 frm,并用 new 进行实例化,然后调用方法 Show。

4.2 类

C# 2008 继承了 C++面向对象的所有关键概念：封装、继承和多态性。其类型模型是建立在.NET 虚拟对象系统之上的。类是面向对象的程序设计的基本构成模块。从定义上讲，类是一种数据结构，这种数据结构可以包含数据成员、函数成员等类型。其中数据成员类型有常量和事件；函数成员类型有方法、属性和索引器等。

定义类的语法：

[修饰符] class 类名 ［：基类］
{
　……
}

类声明中的修饰符如表 4-1 所示。

表 4-1 修饰符表

修饰符	说明
interal（默认）	访问修饰符，在同一个程序集中可以访问
public	访问修饰符，任何地方都可访问
partial	部分类，一个类的代码可以放在多个文件中，编译时再将它们合并
abstract	抽象类，不能实例化
sealed	密封类，不能被继承
static	静态类，不能实例化，不能被继承

类声明中的修饰符除了访问修饰符外还有其他的修饰符。

类的成员如表 4-2 所示。

表 4-2 类成员表

类成员	说明
常量	与类相关的常量值
字段	类中的变量
方法	类中的函数，完成特定的功能
属性	对类的字段提供安全访问
事件	用于说明发生了什么事情
索引器	像使用数组那样访问类的数据
运算符	定义类所特有的运算
构造函数和析构函数	对类的实例进行初始化和销毁

4.2.1 字段

案例学习：了解字段的应用

下面的示例演示了字段的用法。

```
using System;
using System.Collections.Generic;
using System.Linq;
using System.Text;

namespace 字段
{
    class Program
    {
        static void Main(string[] args)
        {
            //步骤1：创建一个类的对象
            Student s = new Student();
            //步骤2：使用点号访问成员变量
            s._name = "张三";
            s._gender = 'M';
            Console.WriteLine("姓名:{0},性别:{1}", s._name, s._gender);
            Console.ReadLine();
        }
    }
    class Student
    {
        public string _name;
        public char _gender;
    }
}
```

输出结果如图4-3所示。

图4-3 输出结果

在这个程序中，定义了一个类Student，它内部定义了两个成员变量_name、_gender。

```
class Student
{
```

```
        public string _name;
        public char _gender;
}
```

这两个成员变量我们称作字段。对于这两个字段的访问，是通过实例化对象，然后利用成员操作符"."来实现的。

```
//步骤1：创建一个类的对象
Student s = new Student();
//步骤2：使用点号访问成员变量
s._name = "张三";
s._gender = 'M';
Console.WriteLine("姓名:{0},性别:{1}", s._name, s._gender);
```

字段的类型可以是 C#中任何数据类型。前面提到的访问修饰符对字段都适用，默认为 private。

一个程序中类 A 中的字段是否可以被类 B 中的代码使用呢，这需要看字段的访问修饰符是哪个。具体能否访问，如图 4-4 所示。

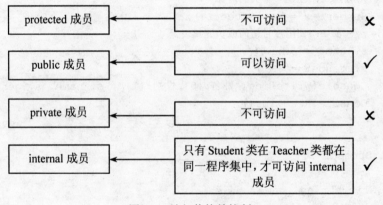

图 4-4　访问修饰符控制

类 B 中的代码不能随意访问类 A 中访问修饰符为 private 和 protected 的字段，但可以访问修饰符为 public 和 internal 的字段。不过有两个特例：一是如果类 B 派生于类 A，类 A 中的 protected 修饰符的字段可以被类 B 中的代码访问；二是如果类 A 与类 B 不在同一个程序集中，类 A 中的 internal 修饰符的字段不能被类 B 中的代码访问。

所以，对字段及其他类成员的访问修饰符，可以总结为如表 4-3 所示。

表 4-3　类成员访问修饰符表

修饰符	说明
public	所属类的成员以及非所属类的成员都可以访问
internal	当前程序集可以访问
private	只有所属类的成员才能访问
protected internal	访问限于此程序或从该成员所属的类派生的类型
protected	所属类或派生自所属类的类型可以访问

1. 静态字段

案例学习：了解静态字段的应用

下面的示例演示了静态字段的用法。

```
using System;
using System.Collections.Generic;
using System.Linq;
using System.Text;

namespace 静态字段
{
    class Program
    {
        static void Main(string[] args)
        {
            student.studentcount = 0;
            student a = new student();
            student.add();
            student b = new student();
            student.add();
            Console.WriteLine("studentcount:{0}\n", student.studentcount);
            Console.ReadLine();
        }
    }
    public class student
    {
        public static int no;
        public string name;
        public static int studentcount;
        public static int add()
        {
            return studentcount++;
        }
    }
}
```

这个程序中，字段 no 和字段 studentcount 前面用关键字 static 来修饰，表明它们是静态字段。在调用时，用"类名.字段名"来读写。

静态字段的定义：

```
public class student
{
    public static int no;
    public string name;
    public static int studentcount;
    public static int add()
    {
        return studentcount++;
    }
}
```

}

静态字段的使用:

```
class Program
{
    static void Main(string[] args)
    {
        student.studentcount = 0;
        student a = new student();
        student.add();
        student b = new student();
        student.add();
        Console.WriteLine("studentcount:{0}\n", student.studentcount);
        Console.ReadLine();
    }
}
```

按 F5 键调试、运行程序,输出结果如图 4-5 所示。

图 4-5 程序运行结果

2. 非静态字段

案例学习:了解非静态字段的应用

下面的示例演示了非静态字段的用法。

```
using System;
using System.Collections.Generic;
using System.Linq;
using System.Text;

namespace 非静态字段
{
    class Program
    {
        static void Main(string[] args)
        {
            student s1 = new student();
            s1.studentcount = 200;
            Console.WriteLine("employeecount:{0}", s1.studentcount);
```

```
            student s2 = new student();
            s2.add();
            Console.ReadLine();
        }
    }
    public class student
    {
        public static int no;
        public string name;
        public int studentcount;
        public void add()
        {
            studentcount++;
            Console.WriteLine("studentcount:{0}", studentcount);
        }
    }
}
```

这个程序中,字段 name 和字段 studentcount,前面没用关键字 static 来修饰,表明它们默认是非静态字段。在调用时,用"对象名.字段名"来读写。

非静态字段的定义:

```
public class student
{
    public static int no;
    public string name;
    public int studentcount;
    public void add()
    {
        studentcount++;
        Console.WriteLine("studentcount:{0}", studentcount);
    }
}
```

非静态字段的使用:

```
class Program
 {
    static void Main(string[] args)
    {
        student s1 = new student();
        s1.studentcount = 200;
        Console.WriteLine("employeecount:{0}", s1.studentcount);
        student s2 = new student();
        s2.add();
        Console.ReadLine();
    }
 }
```

按 F5 键调试、运行程序,输出结果如图 4-6 所示。

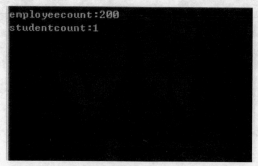

图 4-6 程序运行结果

静态与非静态字段的区别：

（1）静态字段的定义：用 static 关键字。

（2）有效范畴：

① 静态字段属于类，是类的所有对象所共用的；

② 非静态字段（实例字段）属于对象，是某个特定对象专用的。

（3）引用方法：

① 类名.静态字段

② 对象名.非静态字段

3. 字段的初始化

案例学习：了解字段初始化的应用

下面的示例演示了字段初始化的用法。

```
using System;
using System.Collections.Generic;
using System.Linq;
using System.Text;

namespace 字段初始化
{
    class Program
    {
        static void Main(string[] args)
        {
            student.id = 10;
            Console.WriteLine("id:{0}\n", student.id);
            student s1 = new student();
            s1.studentcount = 200;
            Console.WriteLine("employeecount:{0}\n", s1.studentcount);
            Console.ReadLine();
        }
    }
    public class student
    {
        public static int id;
```

```
        public string name;
        public int studentcount;
    }
}
```

不管静态字段或非静态字段，在分配内存空间的时候都要赋初值，这就是字段的初始化。

定义的字段：

```
public class student
    {
        public static int id;
        public string name;
        public int studentcount;
    }
```

字段在使用前被初始化：

```
class Program
    {
        static void Main(string[] args)
        {
            student.id = 10;
            Console.WriteLine("id:{0}\n", student.id);
            student s1 = new student();
            s1.studentcount = 200;
            Console.WriteLine("employeecount:{0}\n", s1.studentcount);
            Console.ReadLine();
        }
    }
```

按 F5 键调试、运行程序，输出结果如图 4-7 所示。

图 4-7　程序运行结果

字段的初始化相关问题：

（1）声明时自动初始化（自动初始化为默认值）。

（2）声明时用赋值语句初始化：

1）赋值语句的执行：

① 静态字段

② 非静态字段

2）非静态字段的初始化问题：非静态字段要在实例化的时候才能初始化。

4.2.2 构造函数

构造函数是类的一种特殊方法,每次创建类的实例都会调用它。

语法:

    [访问修饰符] <类名>()

    {

        //构造函数的主体

    }

构造函数的相关问题如下:

(1) 构造函数是一种特殊的方法。

(2) 特殊的声明:

① 方法名与类同名;

② 没有返回类型。

(3) 特殊的执行:

① 每次用 new 关键字创建类的实例时自动执行;

② 不能直接调用构造函数。

(4) 特殊的用途——初始化对象。

1. 默认构造函数

案例学习:了解默认构造函数的应用

下面的示例演示了默认构造函数的用法。

```csharp
using System;
using System.Collections.Generic;
using System.Linq;
using System.Text;

namespace 默认构造函数
{
    class Program
    {
        static void Main(string[] args)
        {
            // 调用默认构造函数
            student s = new student();
            Console.WriteLine("资格= " + s. qualification);
            Console.WriteLine("工资= " + s._salary);
            Console.ReadLine();
        }
    }
    public class student
    {
        public string _name;
```

```
        public char _gender;
        public string _qualification;
        public uint _salary;
        // 默认构造函数
        public student()
        {
            _qualification = "学士学位";
        }
    }
}
```

输出结果如图 4-8 所示。

这个程序中有个默认的构造函数，如图 4-9 所示。

图 4-8　输出结果 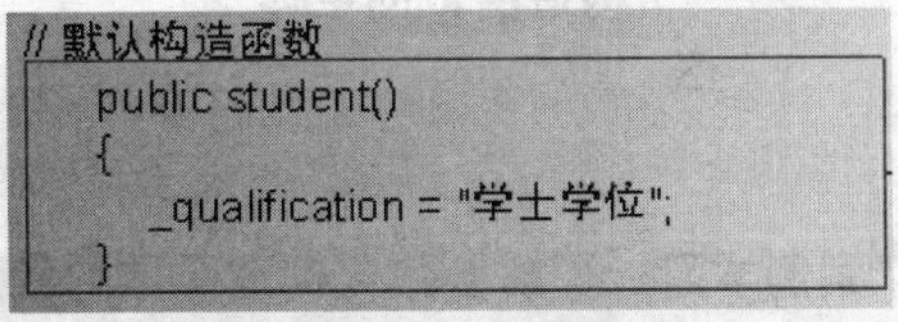　　　　　　　　图 4-9　默认构造函数

如果不需要给某些字段赋值或其他操作，这个默认构造函数可以不写。另外，构造函数在程序中所起的作用，如图 4-10 所示。

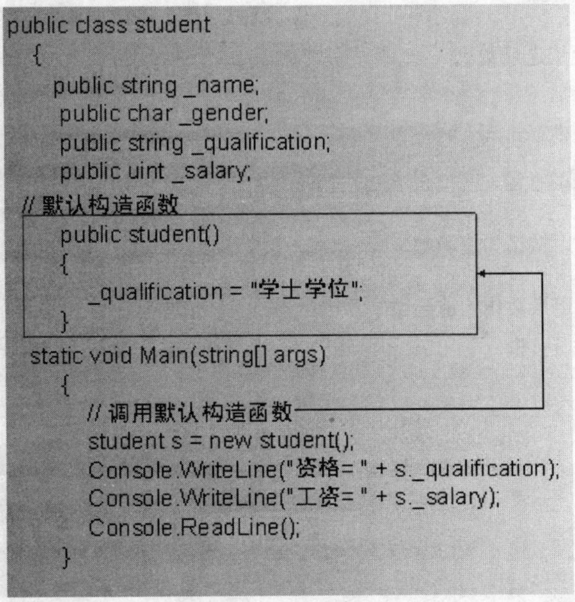

图 4-10　构造函数作用

默认构造函数，是类在实例化成对象的时候进行初始化的函数，放在 new 关键字后使用。默认构造函数的相关问题如下：

(1) 规则：
① 类至少要有一个构造函数；
② 编译器通过强制添加默认构造函数来保证类至少要有一个构造函数。
(2) 默认构造函数的特点：
① 无参数；
② 调用基类的无参数构造函数。
(3) 使用默认构造函数的条件：
① 没有为类编写构造函数；
② 基类中存在无参数的构造函数。

2. 参数化构造函数

语法：

[访问修饰符]   <类名> ([参数列表])
{
    //构造函数的主体
}

案例学习：了解参数化构造函数的应用

下面的示例演示了参数化构造函数的用法。

```
using System;
using System.Collections.Generic;
using System.Linq;
using System.Text;

namespace 参数化构造函数
{
    class Program
    {
        static void Main(string[] args)
        {
            // 调用默认构造函数
            student s1 = new student();
            // 调用参数化构造函数
            student s2 = new student("ACCPS3", "董全琴", '女', 9900);
            Console.WriteLine("默认构造函数输出： \n 资格=" + s1._qualification);
            Console.WriteLine("\n 参数化构造函数输出： \n 资格= " + s2._qualification);
            Console.ReadLine();
        }
    }
    public class student
    {
        public string _name;
        public char _gender;
        public string _qualification;
        public uint _salary;
```

```
    // 默认构造函数
    public student()
    {
        _qualification = "学士学位";
    }
    // 参数化构造函数
    public student(string strQualification, string strName,
    char gender, uint empSalary)
    {
        _qualification = strQualification;
        _name = strName;
        _gender = gender;
        _salary = empSalary;
    }
}
```

输出结果如图 4-11 所示。

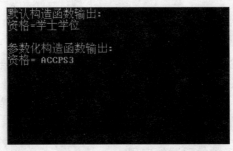

图 4-11　输出结果

这个程序中有个参数化构造函数，如图 4-12 所示。

```
// 参数化构造函数
public student(string strQualification, string strName,
char gender, uint empSalary)
{
    _qualification = strQualification;
    _name = strName;
    _gender = gender;
    _salary = empSalary;
}
```

图 4-12　参数化构造函数

参数化构造函数必须要写在类代码中。另外，参数化构造函数在程序中所起的作用，如图 4-13 所示。

参数化构造函数，跟默认构造函数一样是类在实例化成对象时进行初始化的函数，也放在 new 关键字后使用。区别是要为函数提供对应的实参。

4.2.3　构造函数的重载

构造函数的重载，指的是多个构造函数，每个构造函数带有不同的参数。

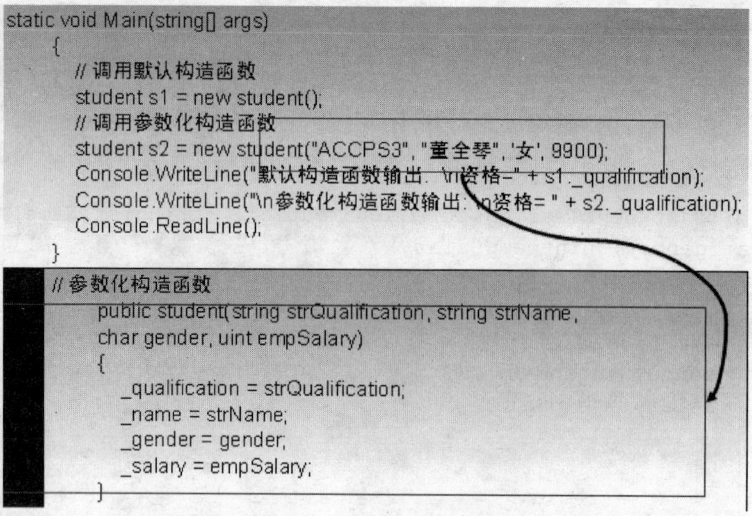

```
static void Main(string[] args)
{
    // 调用默认构造函数
    student s1 = new student();
    // 调用参数化构造函数
    student s2 = new student("ACCPS3", "董全琴", '女', 9900);
    Console.WriteLine("默认构造函数输出：\n资格=" + s1._qualification);
    Console.WriteLine("\n参数化构造函数输出：\n资格=" + s2._qualification);
    Console.ReadLine();
}
// 参数化构造函数
public student(string strQualification, string strName,
    char gender, uint empSalary)
{
    _qualification = strQualification;
    _name = strName;
    _gender = gender;
    _salary = empSalary;
}
```

图 4-13 参数化构造函数作用

生活常识：

课堂上，同学们在讨论正在发的新书，有些人想知道该书的书号，另外一些人想知道该书的书号和作者，不过大部分人还是想了解更多，包括该书的书号、书名、作者和价格。而构造函数的重载的原理与此一样，利用参数的不同，达到程序的多样功能。

案例学习：了解构造函数的重载的应用

下面的示例演示了构造函数重载的用法。

```
using System;
using System.Collections.Generic;
using System.Linq;
using System.Text;

namespace 函数重载
{
    class Program
    {
        static void Main(string[] args)
        {
        }
    }
    public class Book
    {
        private string id;
        private string name;
        private string author;
        private string price;
public Book()  //默认构造器
        {
```

```
    }
public Book(string id)
    {
        this.id=id;
    }
public Book(string id, string name, string author, string price)  //构造器重载
    {
        this.id = id;
        this.name = name;
        this.author = author;
        this.price = price;
    }
    public string ID  //只读属性
    {
        get
        {
            return id;
        }
    }
public string Name
    {
        set
        {
            this.name=value;
        }
        get
        {
            return name;
        }
    }
public string Author
    {
        set
        {
            this.author = value;
        }
        get
        {
            return author;
        }
    }
    public string Price
    {
        set
        {
            this.price = value;
        }
        get
        {
            return price;
```

```
        }
      }
   }
}
```

在这个程序例子中,有两次构造函数的重载,如图 4-14 所示。

```
class Book
{
    private string id;
    private string name;
    private string author;
    private string price;
    public Book()  //默认构造函数
    {
    }
    public Book(string id)  //构造函数重载
    {
        this.id=id;
    }
    public Book(string id, string name, string author, string price) //构造函数重载
    {
        this.id = id;
        this.name = name;
        this.author = author;
        this.price = price;
    }
}
```

图 4-14　构造函数重载

4.2.4　析构函数

析构函数,是用于执行清除操作的特殊方法。

语法:

　　~ <类名>()
　　{
　　　　// 析构函数的主体
　　}

举一个例子,前面提到的 employee 类,看看它的析构函数:

```
……
~employee()
{
//清除操作
}
……
```

析构函数的相关说明:

(1) 析构函数也是一种特殊的方法。

(2) 特殊的声明:

① 方法名:在类名前加一个"~"。

② 没有参数,没有返回类型,没有访问修饰符。

(3) 特殊的执行:

① 当实例从内存中删除时，自动调用析构函数；
② 不能直接调用析构函数。
（4）特殊的用途：释放与清理资源。
（5）.NET 的垃圾回收器的功能及启动的机制完成清理工作。

4.3 方法

方法是编程语言中用来描述对象行为的。这里可以通过一个实例理解，如图 4-15 所示。

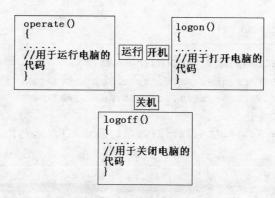

图 4-15　方法描述对象行为

声明方法的语法：

　　[访问修饰符] 返回类型 <方法名>([参数列表])
　　{
　　　　// 方法主体
　　}

- 访问修饰符（可选），默认情况下为 private。
- 如果不需要返回任何值，方法可能返回 void 数据类型。
- 如果需要返回值，则使用 return 语句。

案例学习：了解方法的应用

下面的示例演示了方法的用法。

```
using System;
using System.Collections.Generic;
using System.Linq;
using System.Text;

namespace 方法
{
    class Program
    {
        static void Main(string[] args)
```

```csharp
        {
            Number n = new Number();
            n.PutIn();
            Console.ReadLine();
        }
    }
    public class Number
    {
        int x;
        int y;
        int z;
        public void PutIn()
        {
            System.Console.WriteLine("输入数字");
            x = int.Parse(System.Console.ReadLine());
            y = int.Parse(System.Console.ReadLine());
            z = x * y;
            Console.WriteLine("x:{0},y:{1},z:{2}", x, y, z);
        }
    }
}
```

输出结果如图 4-16 所示。

图 4-16 输出结果

这个程序中，定义了一个方法 PutIn()，如图 4-17 所示。

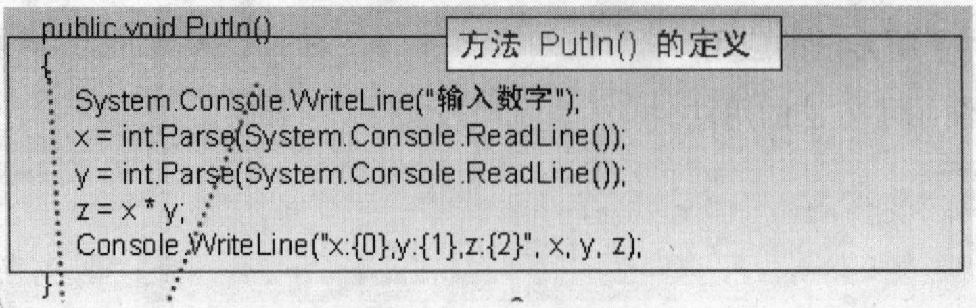

图 4-17 PutIn 方法定义

对于该方法的两点说明如图 4-18 所示。

方法的参数。在前面内容里已经提过参数方面的知识。参数在使用上分为形参与实参。定义方法时使用的是形参，调用方法时使用的是实参。在 C#开发语言中，不管形参还是实参，都可以分为 4 个类型，如表 4-4 所示。

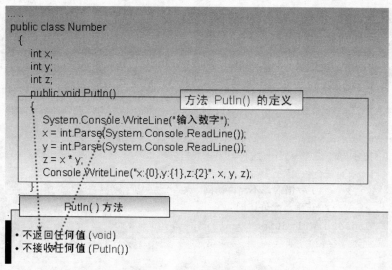

图 4-18　PutIn 方法的两处说明

表 4-4　参数类型表

方法	说明
值参数	形参是实参的一份拷贝，形参的改变不影响实参
引用型参数 ref	形参是实参的地址，形参的改变将影响实参
输出参数 out	与引用型参数类似，但实参不须初始化
数组型参数 params	参数个数可以不确定

对于引用类型的值参数，形参是实参的一份地址拷贝，形参的地址改变不影响实参地址改变。但若形参的地址与实参地址都指向同一个内容，通过形参地址所指内容发生改变时，实参地址访问的内容也一同发生变化。

4.3.1　静态方法与实例方法

案例学习：了解静态方法的应用

下面的示例演示了静态方法的用法。

```
using System;
using System.Collections.Generic;
using System.Linq;
using System.Text;

namespace 静态方法
{
    class Program
    {
        static void Main(string[] args)
        {
```

```
            A.F();
            Console.ReadLine();
        }
    }
    public class A
    {
        int x;
        static int y;
        public static void F()
        {
            // x = 1;//错误，不允许访问
            y = 2;//正确，允许访问
            Console.WriteLine("y={0}", y);
        }
    }
}
```

输出结果如图 4-19 所示。

图 4-19 输出结果

这里对于静态的方法定义，如图 4-20 所示。

```
public class A
{
    int x;
    static int y;
    public static void F()
    {
        // x = 1; //错误，不允许访问
        y = 2; //正确，允许访问
        Console.WriteLine("y={0}",y);
    }
}
```

图 4-20 静态方法的定义

对于静态方法的调用，采用"类名.方法名"的方式。

```
A.F();
```

案例学习：了解实例方法的应用

下面的示例演示了实例方法的用法。

```csharp
using System;
using System.Collections.Generic;
using System.Linq;
using System.Text;

namespace 实例方法
{
    class Program
    {
        static void Main(string[] args)
        {
            Student stu = new Student();
            stu.Ser();
            Console.ReadLine();
        }
    }
    class Student
    {
        public int studcount = 0;
        public void Ser()
        {
            studcount++;
            Console.WriteLine("studcount:{0}", studcount);
        }
    }
}
```

输出结果如图 4-21 所示。

图 4-21 输出结果

这里对于实例的方法定义，如图 4-22 所示。

对于实例方法的调用，采用"对象名.方法名"的方式。

```csharp
Student stu = new Student();
         stu.Ser();
```

静态方法与实例方法的相关问题：

```
class Student
{
    public int studcount =0;
    public void Ser()
    {
        studcount++;
        Console.WriteLine("studcount:{0}",studcount);
    }
}
```

图 4-22　实例方法的定义

（1）静态方法的定义：用 static 关键字。
（2）方法的调用格式：
① 类名.静态方法
② 对象名.实例方法
（3）静态方法的限制：静态方法中不能使用实例成员。
（4）静态方法属于类所有，实例方法属于类定义的对象所有。
（5）实例方法可以访问类中包括静态成员在内的所有成员，而静态方法只能访问类中的静态成员。

4.3.2　方法的重载

方法重载是对不同类型的数据执行相同任务的方法的功能。我们可以通过一个实例理解，如图 4-23 所示。

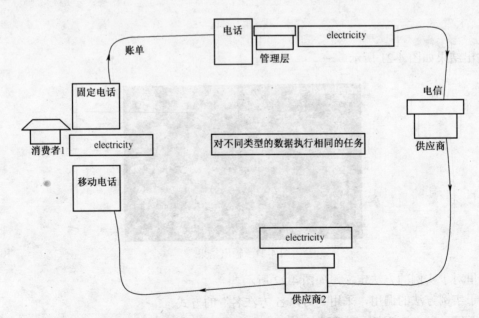

图 4-23　方法重载实现处理不同数据类型

对于这个例子，程序编写应该具有对不同数据执行相似任务的功能，如图 4-24 所示。

第4章 面向对象编程基础

```
...
Class PayBill
{
    ...
    void Pay(int teleNum)
    {
        //此方法用于支付固定电话话费
    }
    void Pay(long conNum)
    {
        //此方法用于支付电费
    }
    void Pay(long conNum, double amount)
    {
        //此方法用于支付移动电话话费
    }
    ...
}
...
```
（对不同的数据执行相似的功能）

图 4-24 方法重载编程

方法重载涉及两个方面内容：

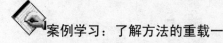
案例学习：了解方法的重载一

下面的示例演示了具有不同数量参数的方法重载。

```
using System;
using System.Collections.Generic;
using System.Linq;
using System.Text;

namespace 方法的重载1
{
    class Program
    {
        static void Main(string[] args)
        {
            MaxNum max = new MaxNum();
            Console.WriteLine("请输入两个整数：");
            int a = Convert.ToInt32(Console.ReadLine());
            int b = Convert.ToInt32(Console.ReadLine());
            Console.WriteLine(max.greatest(a, b));
            Console.WriteLine("请输入三个整数：");
            int c = Convert.ToInt32(Console.ReadLine());
            int d = Convert.ToInt32(Console.ReadLine());
            int f = Convert.ToInt32(Console.ReadLine());
            Console.WriteLine(max.greatest(c, d, f));
            Console.ReadLine();
        }
    }
    class MaxNum
    {
        public int greatest(int num1, int num2)
        {
            Console.WriteLine("{0} 和{1} 相比, 最大的是：", num1, num2);
```

```
            if (num1 > num2)
            {
                return num1;
            }
            else
            {
                return num2;
            }
        }
        public int greatest(int num1, int num2, int num3)
        {
            Console.WriteLine("{0}, {1} 和{2} 相比, 最大的是: ", num1, num2, num3);
            if (num1 > num2 && num1 > num3)
            {
                return num1;
            }
            else if (num2 > num1 && num2 > num3)
            {
                return num2;
            }
            else
            {
                return num3;
            }
        }
    }
}
```

方法重载如图 4-25 所示。

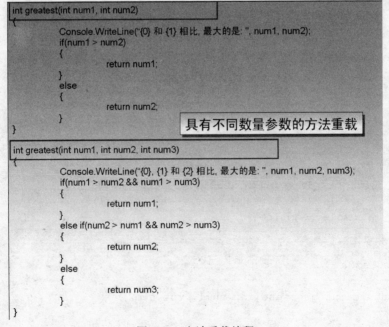

图 4-25　方法重载编程

输出结果如图 4-26 所示。

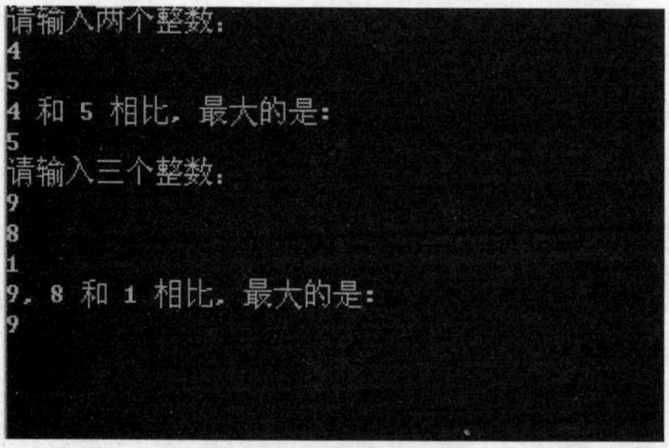

图 4-26 输出结果

案例学习：了解方法的重载二

下面的示例演示了具有不同类型参数的方法重载。

```
using System;
using System.Collections.Generic;
using System.Linq;
using System.Text;

namespace 方法重载2
{
    class Program
    {
        static void Main(string[] args)
        {
            MaxNum max = new MaxNum();
            int[] num1 = new int[] { 12, 7, 9, 11, 3 };
            Console.WriteLine("该整型数组的最大值为：{0}", max.greatest(num1));
            double[] num2 = new double[] { 1.3, 2.4, 6.8, 1.1 };
            Console.WriteLine("该双精度形数组的最大值为：{0}", max.greatest(num2));
            Console.ReadLine();
        }
    }
    class MaxNum
    {
        public int greatest(int[] numbers)
        {
            int temp = numbers[0];
            for (int i = 1; i < numbers.Length; i++)
            {
                if (temp < numbers[i])
                    temp = numbers[i];
            }
            return temp;
```

```
        }
        public double greatest(double[] numbers)
        {
            double temp = numbers[0];
            for (int i = 1; i < numbers.Length; i++)
            {
               if (temp < numbers[i])
                    temp = numbers[i];
            }
            return temp;
        }
    }
}
```

方法重载如图 4-27 所示。

图 4-27　方法重载编程

输出结果如图 4-28 所示。

图 4-28　输出结果

 小知识：

方法的签名
方法签名由方法名称和一个参数列表（方法的参数的顺序和类型）组成。
方法签名应该如下所示，相应的可变参数分别使用 String 和 Exception 声明：

Log.log (String message,Exception e,Object... objects) {...}
public void A (int p1,int p2){}和 public void B (int q1,int q2){}的签名相同,而 public int C (int m1,int m2){}
则和方法 A 签名不同,因为 C 的返回值为 int。

方法重载的相关问题：

（1）方法重载：
① 方法名相同（前提：功能相近）；
② 参数类型或者个数不同。
（2）函数返回值与方法重载：如果仅是函数返回值类型不同,并不是方法重载。
（3）方法的签名（MSDN）：
① 由方法的名称和它的形参表组成；
② 形参按从左到右的顺序比较类型、种类和个数。

4.3.3 方法的重写

我们看另一个概念——方法重写。方法重写又称方法覆盖。若子类中的方法与父类中的某一方法具有相同的方法名、返回类型和参数表,则新方法将覆盖原有的方法。

案例学习：了解方法重写的应用

下面的示例演示了方法重写的用法。

```
using System;
using System.Collections.Generic;
using System.Linq;
using System.Text;

namespace 方法重写
{
    class Program
    {
        static void Main(string[] args)
        {
            Vehicle[] v = new Vehicle[4];
            v[0] = new Vehicle();
            v[1] = new Car();
            v[2] = new Bus();
            v[3] = new Plane();
            foreach (Vehicle ve in v)
            {
                Console.WriteLine(ve.Start());
            }
            Console.ReadLine();
        }
    }
    class Vehicle
    {
```

```
            public virtual string Start()
            {
                return "交通工具启动";
            }
        }
        class Car : Vehicle
        {
            public override string Start()
            {
                return "汽车起步";
            }
        }
        class Bus : Vehicle
        {
            public override string Start()
            {
                return "公交车起步";
            }
        }
        class Plane : Vehicle
        {
            public override string Start()
            {
                return "飞机起飞";
            }
        }
    }
```
输出结果如图 4-29 所示。

图 4-29 输出结果

这个程序中，类 Vehicle 是父类，里面定义了一个方法 Start，前面用 virtual 修饰。在子类 Car、Bus 和 Plane 中，也有方法 Start，它们与父类中的方法 Start 在参数个数、数据类型及方法的返回类型等方面一致，所以它们是父类中的方法 Start 的重写，前面应该有 override 修饰。

方法重写的相关问题：

- 对基类同名方法，用关键字 virtual 修饰，即虚方法。
- 对派生类同名方法，用关键字 override 修饰。

4.4 属性

💡 **问题讨论**：字段访问级别设为 public 存在的问题有哪些？

C#用属性来解决此问题：
- 不直接操作类的字段，而是借助访问器 get 与 set 进行读写。
- 访问器中可以根据程序逻辑在读、写字段时进行适当的检查。

充分体现了面向对象的封装性。我们看一个属性的实例，如图 4-30 所示。

```
public class People
{
    int id;
    string name;
    public string Name
    {
        get
        {
            return name;//读取Name时调用
        }
        set
        {
            name = value;//将值赋给Name时调用
        }
    }
}
```

图 4-30 属性程序举例

这个程序中，在类 student 中定义了字段 name，由于要保护字段 name，它默认修饰符为 private，在其他类里没法直接访问到这个字段。在类 student 中又定义了一个属性 Name，通过属性可以访问 name 字段。其中要读取字段 name 的值，就利用 get 访问器里的 return 返回 name 的值，如果要写入 name 的值，则利用 set 访问器里的 value 为 name 赋值。

属性的声明，语法：

[访问修饰符] 数据类型 属性名
{
    get{};
    set{};
}

对于只读、只写属性可以通过 get 和 set 访问器来控制。
- get 访问器用来 return 与属性类型一致的值。
- set 访问器用来设置与属性类型相同的隐式参数 value。

4.5 类库与命名空间

这里首先理解一下命名空间，如图 4-31 所示。

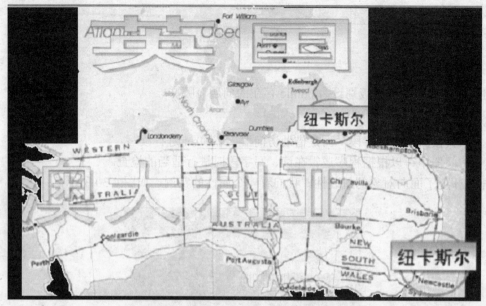

图 4-31　命名空间举例

图中有两个纽卡斯尔,一个在英国、一个在澳大利亚。我们平时在提到这两个城市时,总是说英国-纽卡斯尔,澳大利亚-纽卡斯尔。虽然是两个地名同名,但我们区分得很好,为什么呢?因为国家不同,用国家名字作为前缀就很方便地区分了两个城市。

在 C#语言里提到的命名空间就相当于国家名,而类相当于城市名,当两个类重名的时候,只要在不同的命名空间里,就非常容易进行区分。

下面再看一个例子,如图 4-32 所示。

图 4-32　程序中命名空间举例

有两个类都叫 Student,分别在命名空间 QinghuaUniversity 和 BeijingUniversity 中,那么这两个类就很容易进行区分,一个是 QinghuaUniversity. Student,另一个是 BeijingUniversity. Student。

那么这种命名空间的应用有什么好处呢?我们再看一个例子,如图 4-33 所示。

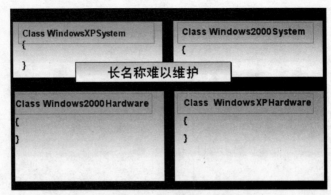

图 4-33　程序中类名举例

对于不同厂家的同名产品，在用 C#语言描述时，它的类名会很长，难以维护和使用。我们可以利用命名空间进行调整，如图 4-34 所示。

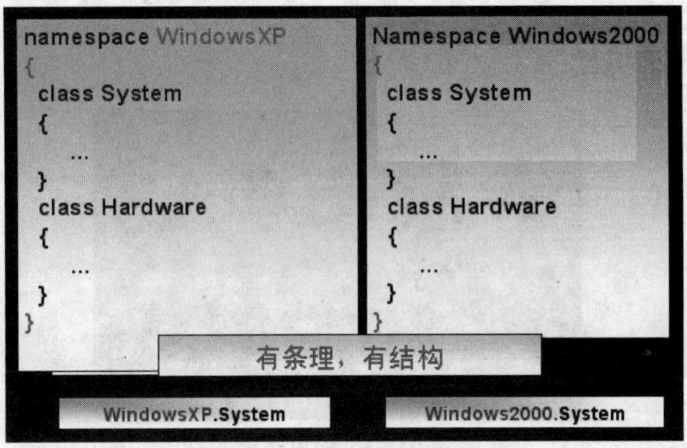

图 4-34　程序中命名空间举例

命名空间，语法：

namespace 命名空间的名称

{

　　//该名称空间的所有类都放在这里

}

案例学习：处理不同厂家的显示器数据，要求利用命名空间管理类

Samsung 公司的显示器数据管理。

```
using System;
using System.Collections.Generic;
using System.Linq;
using System.Text;

namespace 公司1
{
```

```
        class Monitor
        {
            public void ListBill ()
            {
                Console.WriteLine("provide monitor,below:");
                Console.WriteLine("20\", 21\" \n");
            }
            static void Main(string[] args)
            {
                Monitor monitor = new Monitor();
                monitor.ListBill ();
                Console.ReadLine();
            }
        }
    }
```

输出结果如图4-35所示。

图4-35 输出结果

Sony公司的显示器数据管理。

```
using System;
using System.Collections.Generic;
using System.Linq;
using System.Text;

namespace 公司1
{
    class Monitor
    {
        public void ListBill ()
        {
            Console.WriteLine("provide the monitor of Samsung,below:");
            Console.WriteLine("20\", 21\" \n");
        }
    }
    namespace 公司2
    {
```

```
        public class Monitor
        {
            public void ListBill()
            {
                Console.WriteLine("the style and quantity of the monitor of Sony,below:");
                Console.WriteLine("15\"=1000, 19\"=2000");
            }
            static void Main(string[] args)
            {
                公司1.Monitor samsung = new 公司1.Monitor();
                Monitor sony = new Monitor();
                samsung.ListBill ();
                sony.ListBill();
                Console.ReadLine();
            }
        }
    }
```

输出结果如图 4-36 所示。

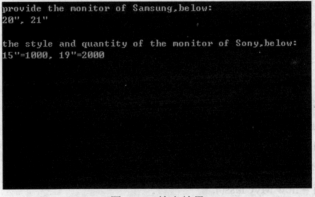

图 4-36 输出结果

4.6 本章小结

- 类是 C#中的一种结构，用于在程序中模拟现实生活的对象。
- 字段（成员变量）表示对象的特征。
- 方法表示对象可执行的操作。
- 如果类中未定义构造函数，则由运行库提供默认构造函数。
- 析构函数不能重载，并且每个类只能有一个析构函数。
- 可以根据不同数量的参数或不同数据类型参数对方法进行重载，不能根据返回值进行方法重载。
- 命名空间用来界定类所属的范围，类似于 Java 中的包。

课后习题

一、编程题

1. 定义一个 Person 类，人是一个类，每个人都具有相应的属性和相应的动作。

提示：

属性：年龄，姓名，性别

动作：跑步

2. 类 TimePeriod 存储一个时间段，类内部以秒为单位存储时间，但提供一个称为 Hours 的属性，它允许客户端指定以小时为单位时间。

提示：Hours 属性的访问器执行小时和秒之间的转换。

二、填空题

1. 类的访问修饰符中的_____是任何地方都可访问。
2. 方法的参数可以分为_____、_____、_____、_____四种类型。
3. 对于只读、只写属性可以通过_____和_____访问器来控制。
4. 面向对象程序设计语言的三大原则是_____、_____、_____。

三、选择题

1. 在类的定义中，类的（　　）描述了该类的对象的行为特征。
   A．类名　　　　　　　　　　B．方法
   C．所属的名字空间　　　　　D．私有域

2. C#中 MyClass 为一自定义类，其中有以下方法定义：
   public void Hello(){ … … }
   使用以下语句创建了该类的对象，并使变量 obj 引用该对象：
   MyClass obj = new MyClass();
   那么，（　　）语句可访问类 MyClass 的 Hello 方法。
   A．obj.Hello();　　　　　　B．obj::Hello();
   C．MyClass.Hello();　　　　D．MyClass::Hello();

3. 分析下列 C#语句，注意类 MyClass 没有访问修饰符：
   namespace 范围
   {
   　　　class MyClass
   　　　{
   　　　　　public class subClass
   　　　　　{
   　　　　　　　int i;
   　　　　　}

        }
    }
若必须为类 MyClass 添加访问修饰符,并使 MyClass 的可访问域保持不变,则应选择( )。
    A．private   B．protected   C．internal   D．public
4．分析下列程序:
    public class class4
    {
        private string _sData = "";
        public string sData{set{_sData = value;}}
    }
在 Main 函数中,成功创建该类的对象 obj 后,下列( )语句是合法的。
    A．obj.sData = "It is funny!";   B．Console.WriteLine(obj.sData);
    C．obj._sData = 100;   D．obj.set(obj.sData);

第 5 章　深入了解 C#面向对象编程

本章重点介绍 C#开发语言所涉及的面向对象核心技术,包括继承机制,多态机制,操作符的重载,接口,委托,事件,索引器,异常处理,组件与程序集等内容。通过简单实例,让致力于学习该语言的读者深入学习 C#语言的面向对象编程技术。

- 理解 C#的继承性和多态性
- 掌握操作符重载的方法
- 熟练掌握接口的定义与使用
- 熟练掌握委托的使用
- 初步掌握事件的机制
- 熟练掌握索引器的定义与使用
- 理解异常处理和组件

5.1　C#继承机制

在这个世界上,一般人都有名字、身份证、父母等特征要素。但是,一个成功人士除了有名字、身份证、父母外,还有成功的业绩。所以成功人士也可以看作是一般人。这与 C#语言中继承的原理非常相似:一个基类具备基本特征,派生类除了具备基本特征外还具备特殊的特征。

C#继承机制:

(1) 继承是面向对象技术最有特色、最重要、也是与传统编程方法最不相同的。

(2) 继承表示了实体间的一种层次关系:

1) 基类(父类),派生类(子类);

2) 派生类可以继承基类的特征和能力,如属性和方法;

3) 派生类还可以添加新的特性或者是修改已有的特性以满足特定的要求,但不能删除基类的成员;

4) 一个父类可以有多个子类,父类是所有子类公共特征的集合,子类则是父类的特殊化;

5) C#中每个子类只能有一个基类,即不允许多重继承。

(3) 继承的好处:实现了代码重用。

（4）派生类可以继承基类中除构造函数和析构函数外的所有可访问的成员。

（5）访问修饰符 protected 的作用：子类可以访问，其他的类都不可以访问。

（6）继承是可传递的。

（7）基类与派生类之间的转换：基类与派生类间的转换分为隐式转换和显式转换。

1）隐式转换：派生类—>基类，下面看一个例子，如图 5-1 所示。

2）显式转换：基类—>派生类（有条件），反过来基类向派生对象转换过程就没这么顺利，首先如图 5-2 所示。

```
People p= new People();
Animal a=p;
```

图 5-1　派生类向基类转换举例

```
Animal a= new Animal();
People p=a;
```

图 5-2　基类向派生类转换举例一

这个程序没法编译通过。

接下来，再看改造后的情况，如图 5-3 所示。

做了强制类型转换后，程序可以编译通过，但是在运行过程中，会抛出异常错误。抛出异常：InvalidCastException。

下面进一步改造，如图 5-4 所示。

```
Animal a= new Animal();
People p=(People)a;
```

图 5-3　基类向派生类转换举例二

```
Animal a= new People();
People p=(People)a;
```

图 5-4　基类向派生类转换举例三

这样就可以了。

继承到底有什么好处呢？它是怎样在程序中体现的呢？首先看一个程序代码的举例示意图，如图 5-5 所示。

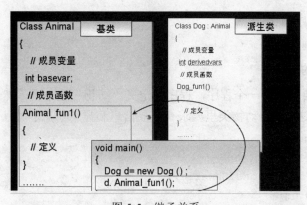

图 5-5　继承关系

派生类 Dog 继承基类 Animal 后，基类的一部分成员就可以被派生类使用，比如基类中的 Animal_fun1 这个方法，在派生类中无须再定义。d 对象是派生类 Dog 的对象，它就可以直接使用 d.Animal_fun1 这个方法。

继承的好处就是无须重新编写代码，维护方便。

我们再看一下继承的层次结构示例，如图 5-6 所示。

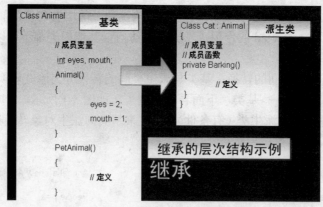

图 5-6 继承的层次结构

继承过程中，不允许实现多重继承，但允许多重接口实现。多重继承指的是一个类既继承了 A，又继承了 B，因为类 A 和类 B 在成员上可能存在着矛盾，所以不允许实现多继承。而接口我们在后面会讲到，它不需要实现它的成员，只要在继承的类里面去实现具体成员，所以允许多重接口实现，如图 5-7 所示。

图 5-7 禁止多重继承

下面再看两个程序例子。

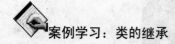案例学习：类的继承

（1）本次实验要求编写一个程序，程序中定义"动物"这个类，然后再定义一个"狗"类，狗类要继承动物这个类。动物类里要求有获取信息和显示信息的方法，狗类里有获取狗特征的方法。代码如下：

```
using System;
using System.Collections.Generic;
using System.Linq;
using System.Text;

namespace 继承
{
    class program
    {
```

```csharp
        static void Main(string[] args)
        {
            Dog dog = new Dog();
            dog.GetInfo();
            dog.DispInfo();
            dog.GetMarks();
            Console.ReadLine();
        }
    }
    public class Animal
    {
        private string _style;
        private int _number;
        public void GetInfo()
        {
            Console.WriteLine("请输入动物的类型和数量:");
            _style = Console.ReadLine();
            _number = int.Parse(Console.ReadLine());
        }
        public void DispInfo()
        {
            Console.WriteLine("该动物的类型为{0}, 数量为{1} ", _style, _number);
        }
    }
    public class Dog : Animal
    {
        private int _age;
        private string _weight;
        private string _color ;
        private string _hobby;
        public void GetData()
        {
            Console.WriteLine("请输入狗的年龄:");
            _age =int.Parse( Console.ReadLine());
            Console.WriteLine("请分别输入狗的体重, 颜色和爱好:");
            _weight = Console.ReadLine();
            _color = Console.ReadLine();
            _hobby = Console.ReadLine();
            Console.WriteLine("该狗的特征为: {0},{1},{2}",_weight,_color,_ hobby);
        }
    }
}
```

输出结果如图 5-8 所示。

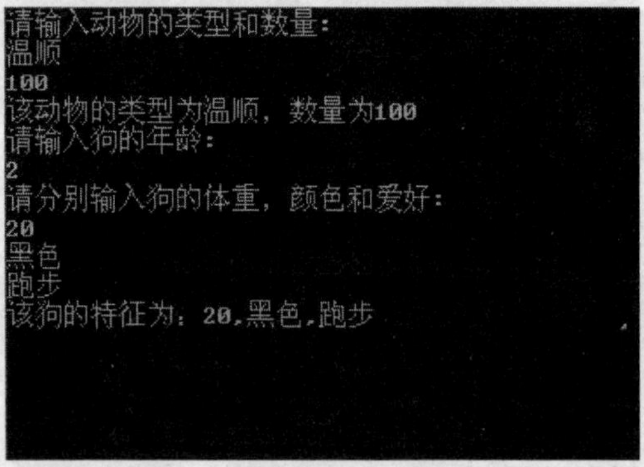

图 5-8 输出结果

程序中，dog 是派生类 Dog 的对象，它调用的方法 GetInfo 和 DispInfo 都是从基类 Animal 中继承过来的。因为在 Animal 类中已经实现了这两个方法，所以，无须在类 Dog 中实现这两个方法。而 GetData 方法在类 Animal 中没有，是 Dog 类中自己的成员，所以需要在 Dog 类中实现。

（2）本次实验要求编写一个程序，程序中定义"动物"这个类，然后再定义一个"狗"类，狗类要继承动物这个类。动物类里要求有获取信息和显示信息的方法，狗类里有获取狗特征的方法。在此基础上再定义一个"宠物狗"类，要求有一个区别，不同于其他一般看家狗的方法。代码如下：

```csharp
using System;
using System.Collections.Generic;
using System.Linq;
using System.Text;

namespace 继承1
{
    class program
    {
        static void Main(string[] args)
        {
            PetDog dog = new PetDog();
            dog.GetInfo();
            dog.DispInfo();
            dog.GetData();
            dog.GetDiff();
            Console.ReadLine();
        }
    }
    public class Animal
    {
        private string _style;
```

```csharp
        private int _number;
        public void GetInfo()
        {
            Console.WriteLine("请输入动物的类型和数量:");
            _style = Console.ReadLine();
            _number = int.Parse(Console.ReadLine());
        }
        public void DispInfo()
        {
            Console.WriteLine("该动物的类型为{0}，数量为{1} ", _style, _number);
        }
    }
    public class Dog : Animal
    {
        private int _age;
        private string _weight;
        private string _color ;
        private string _hobby;
        public void GetData()
        {
            Console.WriteLine("请输入狗的年龄:");
            _age =int.Parse( Console.ReadLine());
            Console.WriteLine("请分别输入狗的体重，颜色和爱好:");
            _weight = Console.ReadLine();
            _color = Console.ReadLine();
            _hobby = Console.ReadLine();
            Console.WriteLine("该狗的特征为：{0},{1},{2}",_weight,_color,_ hobby);
        }
    }
    public class PetDog : Dog
    {
        public void GetDiff()
        {
            Console.WriteLine("宠物狗比一般的看家狗更干净，更时尚！");
        }
    }
}
```

输出结果如图 5-9 所示。

在继承过程中，经常会遇到一个关键字 base。它的作用：
- 用于从派生类中访问基类成员。
- 可以使用 base 关键字调用基类的构造函数。

下面看一个例子，调用 base 构造函数，如图 5-10 所示。

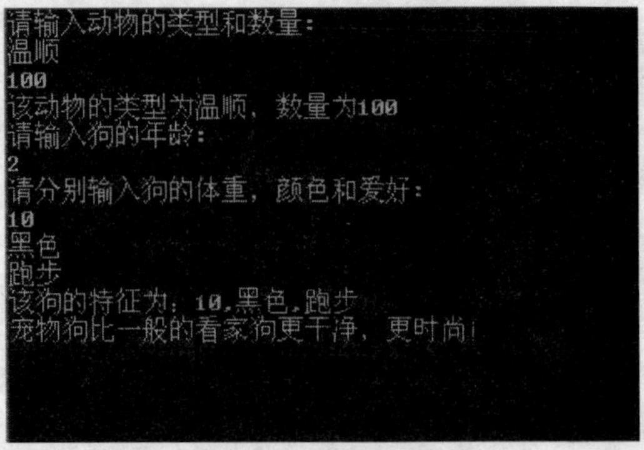

图 5-9 输出结果

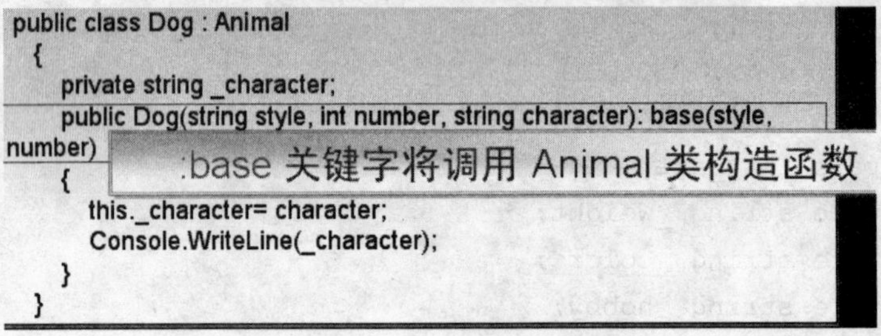

```
public class Dog : Animal
{
    private string _character;
    public Dog(string style, int number, string character): base(style, number)
    {
        this._character= character;
        Console.WriteLine(_character);
    }
}
```

.base 关键字将调用 Animal 类构造函数

图 5-10 调用 base 构造函数示意

案例学习：base 的应用

本次实验要求编写一个程序，程序中定义"动物"这个类，然后再定义一个"狗"类，狗类要继承动物这个类。在狗对象实例化的同时，调用 base 构造函数为狗对象赋予类型、数量等信息。代码如下：

```csharp
using System;
using System.Collections.Generic;
using System.Linq;
using System.Text;

namespace 继承应用
{
    class program
    {
        public static void Main(string[] args)
        {
            //构造 Student
            Dog d = new Dog("温顺型", 100, "跑步");
            Console.ReadLine();
        }
    }
    public class Animal
    {
        public string _style;
        public int _number;
```

```
        public Animal(string style, int number)
        {
            this._style = style;
            this._number = number;
            Console.WriteLine(_style);
            Console.WriteLine(_number);
        }
    }
    public class Dog : Animal
    {
        private string _character;
        public Dog(string style, int number, string character): base(style, number)
        {
            this._character= character;
            Console.WriteLine(_character);
        }
    }
}
```

输出结果如图 5-11 所示。

图 5-11 输出结构

这个程序在对 Dog 的对象实例化时，将参数 style 和 number 的值传递给通过 base 调用的 Animal 构造函数，这样完成了对类型、数量等信息的赋值工作。

5.2 C#多态机制

生活常识

课堂上，老师给出很多个函数，他们的作用都是比较大小。这些函数的名称都相同，不同的是参数的类型、个数和函数的返回值。过后，老师又给出一大堆数据，它们有整型、单精度、双精度等。而同学们要根据这些数据找出相应的函数，最终根据那个函数判断大小。这就是多态的原理。

（1）C#多态机制：

1）多态（Polymorphism）：多态的意思是事物具有不同形式的能力。例如，对不同的实例，某个操作可能会有不同的行为。这个行为依赖于所要操作数据的类型。

2）多态：用同样的一个语句，执行不同的操作。
3）多态机制使具有不同内部结构的对象可以共享相同的外部接口。
（2）如何实现多态？
1）C#中有两种实现多态的方法：
① 通过继承实现多态；
② 通过重载实现多态。
2）通过继承，可以用两类方法来实现多态：
① 重写基类的虚方法（虚方法重写）；
② 重写基类的抽象方法。
（3）对基类虚方法的重写涉及的问题：
1）基类和派生类中定义完全相同的两个方法：
① 方法名相同；
② 对应的参数相同；
③ 返回值相同。
2）语法规定：
① 基类的方法必须用 virtual 修饰符定义为虚方法；
② 派生类必须用 override 修饰符重新定义该方法。
3）与非虚方法的比较。
4）虚方法调用的特点：由对象变量所引用的对象来决定执行哪一个方法，而与对象变量本身的类型无关。
5）方法重写是实现多态的一种方法。

5.2.1 方法重写

案例学习：基类虚方法的重写的应用

下面的示例演示了基类虚方法的重写。

```
using System;
using System.Collections.Generic;
using System.Linq;
using System.Text;

namespace 虚方法
{
    class program
    {
        public static void Main(string[] args)
        {
            circle pan = new circle();
            pan.L();
            Console.WriteLine("圆的面积为{0}", pan.S());
            earth e = new earth();
            e.L();
            Console.ReadLine();
```

```
        }
    }
    public class circle
    {
        double pi = 3.14;
        double r = 0.0;
        virtual public void L()
        {
            Console.Write("请输入圆半径：");
            r = double.Parse(Console.ReadLine());
            Console.WriteLine("圆的周长为{0}", 2 * pi * r);
        }
        public double S()
        {
            Console.Write("请输入圆半径：");
            r = double.Parse(Console.ReadLine());
            return pi * r * r;
        }
    }
    public class earth : circle
    {
        string brand;
        public override void L()
        {
            Console.Write("地球仪的品牌是：");
            brand = Console.ReadLine();
            base.L();
            Console.WriteLine("{0}牌地球仪还不错", brand);
        }
    }
```

程序中，首先定义一个基类 circle 表示圆，类里有个成员是方法 L 表示圆的周长。又定义了一个类 earth 表示地球仪，也有个方法 L 表示地球仪的周长。由于在基类和派生类中 L 方法实现功能不一样，派生类 earth 比基类 circle 中的方法 L 多一个品牌功能。所以，我们在定义的时候将 circle 类中的 L 方法用 virtual 修饰，而在 earth 类中的 L 方法用 override 修饰，表示 cirlcle 类中的 L 方法是虚方法，earth 类中的方法 L 是对虚方法的重写。

按 F5 键调试、运行程序，输出结果如图 5-12 所示。

图 5-12 输出结果

案例学习：基类非虚方法的重写的应用

下面的示例演示了基类非虚方法的重写（方法的隐藏）。

```csharp
using System;
using System.Collections.Generic;
using System.Linq;
using System.Text;

namespace 非虚方法
{
    class program
    {
        public static void Main(string[] args)
        {
            People p = new People();
            Student s = new Student();
            People pc = s;
            p.HideFun();
            s.HideFun();
            pc.HideFun();
            Console.ReadLine();
        }
    }
    class People
    {
        public void HideFun()
        {
            Console.WriteLine("人类的HideFun方法");
        }
    }
    class Student : People
    {
        public void HideFun()
        {
            Console.WriteLine("学生类的HideFun方法");
        }
    }
}
```

该程序中，基类和派生类都定义了方法 HideFun，如果用基类对象调用该方法则输出父类 People 的 HideFun 方法，如果是派生类对象调用该方法则输出子类 Student 的 HideFun 方法。也就是说，在继承过程中，派生类的方法将同名的基类方法隐藏了。

按 F5 键调试、运行程序，输出结果如图 5-13 所示。

图 5-13　输出结果

大家是否注意一个问题，在这个程序编译过程中，有个警告，"警告'Samsung.Student.HideFun()'隐藏了继承的成员'Samsung.People.HideFun()'。如果是有意隐藏，请使用关键字 new。"但是程序可以正常执行，也就是编译系统希望你用 new 这个关键字进行隐藏操作。

5.2.2 方法的隐藏

（1）派生类可以定义与基类具有相同签名的方法。

（2）new 关键字：派生类定义与基类具有相同签名的方法时，需要使用 new 关键字，否则编译器将给出警告。

（3）当用派生类的对象访问同名的方法时：

1）执行派生类的方法？对象变量.HideFun ();

2）执行基类的方法？由对象变量的类型决定。对象变量的类型如表 5-1 所示。

表 5-1　隐藏方法执行表

调用方法	说明
p.HideFun()	p 是 People 类对象，执行 People 类的 HideFun 方法
s.HideFun()	s 是 Student 类对象，执行 Student 类的 HideFun 方法
pc.HideFun()	pc 是 People 类对象，执行 People 类的 HideFun 方法

问题讨论：

实际上 pc 引用的是 Student，因此本质是 Student。能否执行 Student 的 HideFun？如果不能，那我又怎样才能执行 Student 的 HideFun？

基类与派生类的方法关系如表 5-2 所示。

表 5-2　基类与派生类的方法关系表

类型	说明
扩充	是派生类新增的，基类没有
重载	派生类中有与基类同名的方法，但参数类型或个数不同
完全相同	派生类中定义了一个与基类相同的方法，即方法的原型完全相同
隐藏	可以声明与继承而来的同名的成员
重写	基类的方法，属性，索引器重新定义，而成员名和相应的参数都不变
调用	用 base 调用的基类方法

5.2.3 抽象类和抽象方法

抽象类和抽象方法，访问修饰符用 abstract。

语法：

    abstract class ClassOne

{
　　//类实现
　　}
　　含有抽象方法的类是抽象类，抽象类可以没有抽象方法。抽象类是派生类的基类，不能实例化。抽象方法在抽象类里面不能实现。在派生类中，抽象方法等抽象成员必须被重写并实现，如图 5-14 所示。

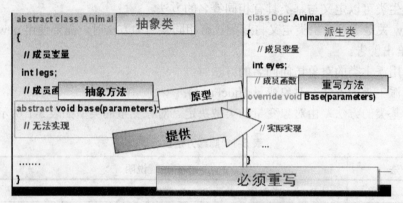

图 5-14　抽象类中的抽象方法在派生类中被重写并实现

多态性还分为运行时多态性和编译时多态性：

（1）运行时的多态性是通过继承和虚成员来实现的。运行时的多态性是指系统在编译时不确定选用哪个重载方法，而是直到程序运行时，才根据实际情况决定采用哪个重载方法。

（2）编译时的多态性具有运行速度快的特点，而运行时的多态性则具有极大的灵活性。

5.3　操作符重载

这个方法允许用户定义的类型如结构和类，为使它们的对象易于操作而使用重载操作符。
如何实现操作符重载？
（1）运算符重载实质上就是函数重载。
（2）运算符的函数表示法，如表 5-3 所示。

表 5-3　函数表示法表

运算符	函数表示法
op x	operator op(x)
x op	operator op(x)
x op y	operator op(x,y)

（3）语法规定：
1）允许重载的运算符：如表 5-4 所示。
2）必须是 public 和 static。
3）至少有一个参数是类自身。

可以被重载的操作符，如表 5-4 所示。

表 5-4 被重载的操作符表

操作符	描述
+, -, !, ~, ++, --	这些一元操作符需要一个操作数，可以被重载
+, -, *, /, %	这些二元操作符需要两个操作数，可以被重载
==, !=, <, >, <=, >=	比较操作符可以被重载
&&, ||	条件逻辑操作符不能被直接重载，但是它们使用 & 和 | 它们可以求值，被重载
+=, -=, *=, /=, %=	赋值操作符不能被重载
=, ., ?:, ->, new, is, sizeof, typeof	这些操作符不能被重载

案例学习：运算符重载的应用

下面的示例演示了运算符重载的用法。

```
using System;
using System.Collections.Generic;
using System.Linq;
using System.Text;

namespace 运算符重载
{
    class TwoD
    {
        private int x;
        public int X
        {
            get
            {
                return x;
            }
        }
        private int y;
        public int Y
        {
            get
            {
                return y;
            }
        }
        public TwoD() { x = y = 0; }
        public TwoD(int a, int b)
        {
            x = a;
            y = b;
        }
        public static TwoD operator +(TwoD op1, TwoD op2)
        {
            TwoD jieguo = new TwoD();
```

```csharp
            jieguo.x = op1.x + op2.x;
            jieguo.y = op1.y + op2.y;
            return jieguo;
        }
        public static TwoD operator +(TwoD op1, int op2)
        {
            TwoD jieguo = new TwoD();
            jieguo.x = op1.x + op2;
            jieguo.y = op1.y + op2;
            return jieguo;
        }
        public override string ToString()
        {
            return string.Format("x坐标:{0},y坐标:{1}", X, Y);
        }
    }
}
```

在这个程序中，+号被重载，被重载的+号可以用来计算 TwoD 类型对象的相加，还可以计算 TwoD 类型对象与整数类型的相加操作。

下面再看一个程序例子。

```csharp
using System;
using System.Collections.Generic;
using System.Linq;
using System.Text;

namespace 运算符重载
{
    class ThreeD : TwoD
    {
        private int z;
        public ThreeD() : base() { z = 0; }
        public ThreeD(int a, int b, int c)
            : base(a, b)
        {
            z = c;
        }
        public int Z
        {
            get
            {
                return z;
            }
        }
        public static ThreeD operator +(ThreeD op1, ThreeD op2)
        {
            ThreeD jieguo = new ThreeD(op1.X + op2.X, op1.Y + op2.Y, op1.z + op2.z);
            return jieguo;
        }
        public static ThreeD operator ++(ThreeD op1)
        {
            ThreeD jg = new ThreeD(op1.X + 1, op1.Y + 1, op1.z + 1);
            return jg;
        }
        public static bool operator ==(ThreeD op1, ThreeD op2)
```

```
    {
        if ((op1.X == op2.X) && (op1.Y == op2.Y) && (op1.z == op2.z))
            return true;
        else
            return false;
    }
    public static bool operator !=(ThreeD op1, ThreeD op2)
    {
        if ((op1.X != op2.X) || (op1.Y != op2.Y) || (op1.z != op2.z))
            return true;
        else
            return false;
    }
    public override string ToString()
    {
        return string.Format("{0},z坐标:{1}", base.ToString(), Z);
    }
}
```

在这个程序中,+、++、==、!=符号被重载。

(1) 操作符重载为C#操作符应用到用户定义的数据类型提供了额外的能力。

(2) 仅预定义的C#操作符可以被重载。

5.4 接口

对于接口的理解,首先我们看一个生活小例子,这是一个开关,它需要两个方法 ON 和 OFF,如图 5-15 所示。

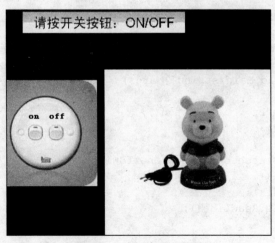

图 5-15 生活中关于开关

另外还有其他开关,如图 5-16 所示。

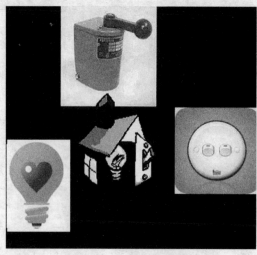

图 5-16 生活中其他开关

其他开关也涉及 ON、OFF 两个方法，但是它们的实现与前面提到的开关不一样。所以我们在定义开关这种数据类型时，不能直接实现，必须根据具体开关来决定怎样实现 ON、OFF 方法。在这种情况下，我们可以把开关定义为接口，比如命名为 ISwitch。在接口里定义两个方法 ON 和 OFF，这两个方法只定义不实现。

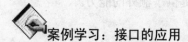案例学习：接口的应用

下面的示例演示了接口的用法。

```
using System;
using System.Collections.Generic;
using System.Linq;
using System.Text;

namespace 接口应用
{
    class Program
    {
        static void Main(string[] args)
        {
            Button bt = new Button();
            bt.On();
            bt.Off();
            OnOffSwitch oos = new OnOffSwitch();
            oos.On();
            oos.Off();
            Console.ReadLine();
        }
    }
    public interface ISwitch
    {
        void On();
        void Off();
```

```csharp
    }
    public class Button : ISwitch
    {
        public void On()
        {
            Console.WriteLine("顺时针转动！");
        }
        public void Off()
        {
            Console.WriteLine("逆时针转动！");
        }
    }
    public class OnOffSwitch : ISwitch
    {
        public void On()
        {
            Console.WriteLine("开启！");
        }
        public void Off()
        {
            Console.WriteLine("关闭！");
        }
    }
}
```

输出结果如图 5-17 所示。

图 5-17　输出结构

（1）实现接口基本步骤：

1）定义接口：接口定义了规则。

2）实现接口：类实现了接口的规则。

（2）那么接口是如何定义的呢？

- 接口是引用类型：

1）关键字 interface。

2）接口的成员有：属性、方法、事件和索引器。

3）接口中定义的成员只有声明，没有实现。

4）接口中的成员都隐式地具有 public 访问属性接口的定义，如图 5-18 所示。

图 5-18 接口的定义

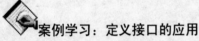

下面的示例演示了定义接口的用法。

```
using System;
using System.Collections.Generic;
using System.Linq;
using System.Text;

namespace 定义接口
{
    class Program
    {
        static void Main(string[] args)
        {
            MyPoint p = new MyPoint(1,2,3);
            Console.WriteLine("X={0},Y={1},Z={2}", p.X, p.Y,p.Z);
            Console.ReadLine();
        }
    }
    interface IPoint
    {
        int X
        {
            get;
            set;
        }
        int Y
        {
            get;
            set;
        }
        int Z
        {
            get;
            set;
        }
```

```csharp
    }
    class MyPoint : IPoint
    {
        private int myX;
        private int myY;
        private int myz;
        public MyPoint(int x, int y,int z)
        {
            myX = x;
            myY = y;
            myz = z;
        }
        //实现IPoint接口中的属性
        public int X
        {
            get
            {
                return myX;
            }
            set
            {
                myX = value;
            }
        }
        public int Y
        {
            get
            {
                return myY;
            }
            set
            {
                myY = value;
            }
        }
        public int Z
        {
            get
            {
                return myz;
            }
            set
            {
                myz = value;
            }
        }
    }
}
```

输出结果如图5-19所示。

图 5-19 输出结果

这个程序定义了一个表示点的接口 IPoint。它有三个成员是 X、Y 和 Z，这三个成员是属性，但在接口里只完成定义，不能实现。它们的实现是在继承接口的类 MyPoint 中完成的。

用类实现接口：

（1）语法：与继承一样。

（2）规定：必须实现接口中声明的所有成员。

案例学习：用类实现接口的应用

下面的示例演示了定义用类实现接口的用法。

```
using System;
using System.Collections.Generic;
using System.Linq;
using System.Text;

namespace 实现接口
{
    class Program
    {
        static void Main(string[] args)
        {
            Dog d = new Dog();
            d.AnimalFun();
            Student s = new Student();
            s.AnimalFun();
            s.PeopleFun();
            Console.ReadLine();
        }
    }
    interface IAnimal
    {
        void AnimalFun();
    }
    interface People : Animal
    {
        void PeopleFun();
    }
    class Dog : Animal
    {
        public void AnimalFun()
```

```
        {
            Console.WriteLine("Dog 类实现 Animal 接口的 AnimalFun()");
        }
    }
    class Student : People
    {
        public void AnimalFun()
        {
            Console.WriteLine("Student 类实现 Animal 接口的 AnimalFun()");
        }
        public void PeopleFun()
        {
            Console.WriteLine("Student 类实现 People 接口的 PeopleFun()");
        }
    }
}
```

按 F5 键调试、运行程序,输出结果如图 5-20 所示。

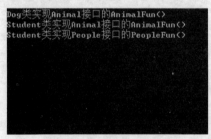

图 5-20 输出结果

接口与继承:

(1) 接口的继承:

1) 接口可以继承。

2) 接口可以从多个基接口继承,类不允许多重继承。

(2) 类的继承、实现接口的类:

1) 相同的语法:类的继承,类实现接口。

2) 类不能多重继承。

3) 类可以实现多个接口,C#可以通过接口来实现多重继承。

4) 规则:类的基列表中可以同时包含基类和接口,但基类应列在首位。

案例学习:接口与继承的应用

下面的示例演示了接口与继承的用法。

```
using System;
using System.Collections.Generic;
using System.Linq;
using System.Text;

namespace 接口与继承
{
```

```csharp
class Program
{
    static void Main(string[] args)
    {
        //实现接口Animal的类Dog
        Animal a1 = new Dog();
        Animal a2 = (Animal)(new Dog());
        a1.AnimalFun();
        a2.AnimalFun();
        //实现接口People的类Student，People接口从Animal接口继承
        Animal a3 = new Student();
        Animal a4 = (Animal)(new Student());
        a3.AnimalFun();
        a4.AnimalFun();
        //编译错误
        //Student s1 = new Animal();
        //运行错误，抛出InvalidCastException异常
        //Student s2=(Student)(new Animal());
        Student s3 = new Student();
        People s4 = (People)(new Student());
        s3.PeopleFun();
        s3.AnimalFun();
        s4.PeopleFun();
        s4.AnimalFun();
        Console.ReadLine();
    }
}
interface Animal
{
    void AnimalFun();
}
interface People : Animal
{
    void PeopleFun();
}
class Dog : Animal
{
    public void AnimalFun()
    {
        Console.WriteLine("Dog类实现Animal接口的AnimalFun()");
    }
}
class Student : People
{
    public void AnimalFun()
    {
        Console.WriteLine("Student类实现Animal接口的AnimalFun()");
    }
    public void PeopleFun()
    {
        Console.WriteLine("Student类实现People接口的PeopleFun()");
    }
}
```

按 F5 键调试、运行程序，输出结果如图 5-21 所示。

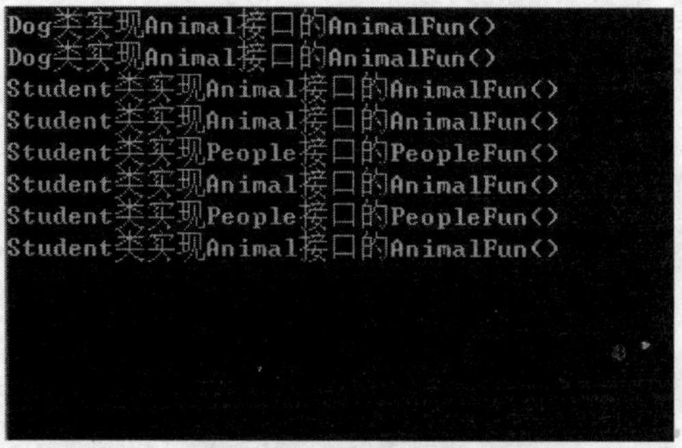

图 5-21 输出结果

接口的实例：

（1）什么是接口的实例：

1）接口的实例是指接口类型的变量（但不能用 new 实例化）。

2）声明语法：接口类型.接口实例名

（2）接口实例的赋值：

1）接口实例＝对象名——编译正确，可能发生运行错误。

2）接口实例＝(接口类型)对象名——编译正确，可能发生运行错误。

3）接口实例 B＝(接口类型 B)接口实例 A——编译正确，可能发生运行错误。

（3）接口实例的作用：通过接口实例访问接口的成员。

案例学习：接口实例的应用

下面的示例演示了接口实例的用法。

```
using System;
using System.Collections.Generic;
using System.Linq;
using System.Text;

namespace 接口实例
{
    class Program
    {
        static void Main(string[] args)
        {
            //实现接口 Animal 的类 Dog
            Animal a = new Dog();
            //运行错误，抛出 InvalidCastException 异常
            // People p=(People)(a);
            //实现接口 People 的类 Student，People 接口从 Animal 接口继承
            Animal a1 = new Student();
            a1.AnimalFun();
            People p1 = (People)(a1);
            p1.PeopleFun();
            People p2 = new Student();
```

```csharp
            p2.PeopleFun();
            Animal a2 = (Animal)p2;
            a2.AnimalFun();
            Console.ReadLine();
        }
    }
    interface Animal
    {
        void AnimalFun();
    }
    interface People : Animal
    {
        void PeopleFun();
    }
    class Dog : Animal
    {
        public void AnimalFun()
        {
            Console.WriteLine("Dog 类实现 Animal 接口的 AnimalFun()");
        }
    }
    class Student : People
    {
        public void AnimalFun()
        {
            Console.WriteLine("Student 类实现 Animal 接口的 AnimalFun()");
        }
        public void PeopleFun()
        {
            Console.WriteLine("Student 类实现 People 接口的 PeopleFun()");
        }
    }
}
```

按 F5 键调试、运行程序，输出结果如图 5-22 所示。

图 5-22　输出结果

接口的应用：
(1) 用接口实现多重继承；
(2) 用接口实现多态。

案例学习：用接口实现多重继承

对于多重继承的理解，我们可以看一个生活的例子：鸭子是一种动物，也是一种鸟，会游泳，同时又是一种食物。编写代码如下：

```csharp
using System;
using System.Collections.Generic;
using System.Linq;
using System.Text;

namespace 接口实现
{
    class Program
    {
        static void Main(string[] args)
        {
            Duck duck = new Duck();
            duck.fly();
            duck.animal();
            duck.cook();
            duck.swim();
            Console.ReadLine();
        }
    }
    public interface Animal
    {
        void animal();
    }
    public interface Swim
    {
        void swim();
    }
    public interface Food
    {
        void cook();
    }

    public abstract class Bird
    {
        public abstract void fly();
    }
    public class Duck : Bird,Animal, Food, Swim
    {
        public override void fly()
        {
            Console.WriteLine("鸭子都会飞哦！");
        }
        public void animal()
        {
            Console.WriteLine("鸭子是禽类动物哦！");
```

```
        }
        public void cook()
        {
            Console.WriteLine("北京烤鸭是北京的特产哦！");
        }
        public void swim()
        {
            Console.WriteLine("鸭子能够在水里游泳！");
        }
    }
}
```

按 F5 键调试、运行程序，输出结果如图 5-23 所示。

图 5-23　输出结果

案例学习：用接口实现多态

看一下接口多态是如何实现的？一个生活的例子：猫、狗、猴子可以跑。编写代码如下：

```
using System;
using System.Collections.Generic;
using System.Linq;
using System.Text;

namespace 接口实现1
{
    class Program
    {
        static void Main(string[] args)
        {
            Run[] run = new Run[3];
            run[0] = new Cat();
            run[1] = new Dog();
            run[2] = new Monkey();
            foreach (Run r in run)
            {
                r.run();
            }
            Console.ReadLine();
        }
    }
    public interface Run
```

```
        void run();
    }
    public class Cat : Run
    {
        public void run()
        {
            Console.WriteLine("猫在屋檐上跑！");
        }
    }
    public class Dog : Run
    {
        public void run()
        {
            Console.WriteLine("小狗在花园里跑！");
        }
    }
    public class Monkey: Run
    {
        public void run()
        {
            Console.WriteLine("猴子在山上跑！");
        }
    }
}
```

按 F5 键调试、运行程序，输出结果如图 5-24 所示。

图 5-24　输出结果

案例学习：抽象类的应用

下面的示例演示了抽象类的用法。

```
using System;
using System.Collections.Generic;
using System.Linq;
using System.Text;

namespace 抽象类
{
    class Program
    {
```

```csharp
        static void Main(string[] args)
        {
            Cat c = new Cat();
            c.animal();
            Duck d = new Duck();
            d.animal();
            d.fly();
            Console.ReadLine();
        }
    }
    abstract class Animal
    {
        public abstract void animal();
    }
    interface Bird
    {
        void fly();
    }
    class Cat : Animal
    {
        public override void animal()
        {
            Console.WriteLine("猫是一种可爱的动物!");
        }
    }
    class Duck: Animal, Bird
    {
        public override void animal()
        {
            Console.WriteLine("鸭子是禽类动物!");
        }
        public void fly()
        {
            Console.WriteLine("鸭子会飞哦!");
        }
    }
}
```

按 F5 键调试、运行程序，输出结果如图 5-25 所示。

图 5-25　输出结果

抽象类与接口的比较如表 5-5 所示。

表 5-5 抽象类与接口的比较表

抽象类	接口
无	有属性、方法、事件和索引器
可以有只声明的方法，也可以有完整的方法	方法都只有声明
是对实体的抽象	是对行为的抽象，规定行为的准则
子类与抽象类，在概念上是一致的	实现接口的类与接口，在概念上是不同的

多重接口实现：
- C#不允许多重类继承。
- 但 C#允许多重接口实现。
- 这意味着一个类可以实现多个接口。

在 C#中，只要不发生命名冲突，就完全可以允许多重接口实现。那什么时候用显式接口实现呢？程序截图，如图 5-26 所示。

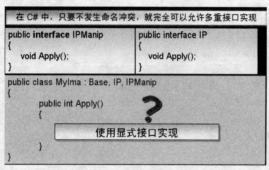

图 5-26　程序

在这个程序中有两个接口 IPcitManip 和 IPict，都有一个方法 ApplyAlpha，有个类 MyImages 继承了这两个接口，那么在实现的时候，到底是实现哪个接口的 ApplyAlpha 方法呢？这时就需要使用显示接口实现，如图 5-27 所示。

```
public class MyIma : Base, IP, IPManip
{
    public int Delete()
    {
        Console.WriteLine("Delete！");
        return (5);
    }
    public void Apply()
    {
        Console.WriteLine("Apply！");
    }
    void IP.Display()
    {
        Console.WriteLine("Display 的 IP 实现");
    }
    void IPManip.Display()
    {
        Console.WriteLine("Display 的 IPManip 实现");
    }
}
```

图 5-27　显式接口实现程序

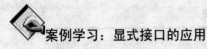案例学习：显式接口的应用

下面的示例演示了显式接口的用法。

```
using System;
using System.Collections.Generic;
using System.Linq;
using System.Text;

namespace 显示接口
{
    class Program
    {
        static void Main(string[] args)
        {
            MyIma m = new MyIma();
            IP P = m; //IP 引用
            P.Display();
            IPManip Pi = m;//IPManip 引用
            Pi.Display();
            Console.ReadLine();
        }
    }
    public interface IP
    {
        int Delete();
        void Display();
    }
    public interface IPManip
    {
        void Display();
    }
    public interface Base
    {
        void Apply();
    }
    public class MyIma : Base, IP, IPManip
    {
        public int Delete()
        {
            Console.WriteLine("Delete! ");
            return (5);
        }
        public void Apply()
        {
            Console.WriteLine("Apply! ");
        }
        void IP.Display()
        {
            Console.WriteLine("Display的IP实现");
```

```
    }
    void IPManip.Display()
    {
        Console.WriteLine("Display 的 IPManip 实现");
    }
}
```

按 F5 键调试、运行程序，输出结果如图 5-28 所示。

图 5-28　输出结果

案例学习：非显式接口的应用

下面的示例演示了非显式接口的用法。

```
using System;
using System.Collections.Generic;
using System.Linq;
using System.Text;

namespace 非显示接口
{
    class Program
    {
        static void Main(string[] args)
        {
            MyIma m = new MyIma();
            m.Display();
            int v = m.Delete();
            Console.WriteLine(v);
            m.ApplyA();
            m.ApplyB();
            Console.ReadLine();
        }
    }
    public interface IP
    {
        int Delete();
    }
    public interface IPManip
    {
        void Display();
```

```csharp
        void ApplyA();
    }
    //继承多重接口
    public interface IPAll : IP, IPManip
    {
        void ApplyB();
    }
    public class MyIma : IPAll
    {
        public int Delete()
        {
            Console.WriteLine("Delete! ");
            return (5);
        }
        public void ApplyA()
        {
            Console.WriteLine("ApplyA! ");
        }
        public void ApplyB()
        {
            Console.WriteLine("ApplyB!");
        }
        public void Display()
        {
            Console.WriteLine("Display!");
        }
    }
}
```

按 F5 键调试、运行程序，输出结果如图 5-29 所示。

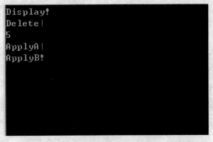

图 5-29 输出结果

5.5 委托

 生活常识

古时候大多是人都是通过相亲，成为夫妻的。而在他们相亲的时候，都是通过媒婆介绍认识的。这时候男女双方要求什么条件都是通过媒婆来传达的。而这个媒婆就类似于委托。

委托的概念：

（1）委托（Delegate）也是一种数据类型，它指的是某种类型的方法。

（2）可以定义委托变量（委托对象），但该变量接收的是一个函数的地址。

还可以理解为：委托是一个可以对方法进行引用的类。使用委托使程序员可以将方法引用封装在委托对象内。然后可以将该委托对象作为参数传递给引用该方法的方法，而不必在编译时知道将调用哪个方法。

（3）委托是从 System.Delegate 派生的类。

（4）使用委托的步骤：

1）定义一个新的委托。

2）声明委托变量并实例化。

3）使用委托变量：

① 通过委托变量调用方法；

② 委托变量可以作为参数传递。

定义一个新的委托，语法：

[访问修饰符]   delegate   返回类型   委托名(参数列表);

再看一个例子，如图 5-30 所示。

```
delegate void MyDelegate(float x);
```

图 5-30 委托举例

委托定义的位置可以放在类内，也可以放在类外。

委托的实例化，有两种方法，一个是用 new 实例化，一个是用赋值的办法，如图 5-31 和图 5-32 所示。

```
MyD d = new MyD(MyClass.Add);
```
符合委托MyD要求的方法。可以是实例方法，也可以是静态方法

图 5-31 委托实例方法一

```
MyClass mc=new MyClass();
MyD md=mc.Add;
Console.WriteLine(md(1.2));
```
符合委托要求的方法。直接赋值给委托变量

图 5-32 委托实例方法二

符合委托要求：返回值、方法签名要一致。

案例学习：通过委托变量调用方法的应用一

下面的示例演示了通过委托变量调用方法。

```
using System;
using System.Collections.Generic;
using System.Linq;
using System.Text;

namespace 委托
{
    class Program
    {
        static void Main(string[] args)
        {
            MyD d = new MyD(MyClass.Add);
            d(2);
            Console.ReadLine();
        }
    }
    delegate void MyD(float x);
    class MyClass
    {
        public static void Add(float x)
        {
            float result = 2*x;
            Console.WriteLine("{0}的二倍等于:{1}", x, result);
            Console.ReadLine();
        }
    }
}
```

按 F5 键调试、运行程序，输出结果如图 5-33 所示。

图 5-33 输出结果

案例学习：委托变量可以作为参数传递的应用

下面的示例演示了委托变量可以作为参数传递。

```
using System;
using System.Collections.Generic;
using System.Linq;
using System.Text;
```

```
namespace 委托1
{
    class Program
    {
        static void Main(string[] args)
        {
            MyD d = new MyD(MyClass.Add);
            ExecuteMethod(d,5);
            Console.ReadLine();
        }
        static void ExecuteMethod(MyD d, float x)
        {
            d(x);
        }
    }
    delegate void MyD(float x);
    class MyClass
    {
        public static void Add(float x)
        {
            float result = 2 * x;
            Console.WriteLine("{0}的二倍等于:{1}", x, result);
        }
    }
}
```

按 F5 键调试、运行程序, 输出结果如图 5-34 所示。

图 5-34　输出结果

案例学习：通过委托变量调用方法的应用二

下面的示例演示了通过委托变量调用方法。

```
using System;
using System.Collections.Generic;
using System.Linq;
using System.Text;

namespace 委托2
{
    class Program
    {
```

```
        static void Main(string[] args)
        {
            MyD d = new MyD(MyClass.Add);
            d += new MyD(MyClass.Double);
            d(5);
            Console.ReadLine();
        }
    }
    delegate void MyD(float x);
    class MyClass
    {
        public static void Add(float x)
        {
            Console.WriteLine("两个{0}的和等于:{1}", x, x + x);
        }
        public static void Double(float x)
        {
            Console.WriteLine("{0}的两倍等于:{1}", x, 2 * x);
        }
    }
}
```

按 F5 键调试、运行程序，输出结果如图 5-35 所示。

图 5-35　输出结果

另外，还有一个组合委托的概念。

组合委托（即多点委托）：

（1）多点委托：

1）一个委托变量中可以包含多个方法，即可以一次执行多个方法；

2）多点委托是从 System.MulticastDelegate 派生的类。

（2）委托的组合与分解：

1）组合：+，+=运算

2）分解：-，-=运算

（3）多点委托的限制：多点委托只允许使用返回值为 void 的方法。

5.6　事件

为了理解事件，可以用一个学生听课的生活实例描述一个事件，如图 5-36 所示。

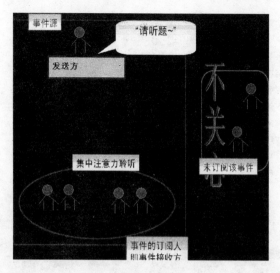

图 5-36 事件举例

我们把老师讲课看作是一个事件。讲课的老师是事件的发送方。学生分成两类：集中注意力聆听的学生和不关心课程的学生。集中注意力聆听的学生是事件的订阅人，即事件的接收方。而不关心课程的学生未订阅该事件。当老师发出"请听题～"的指令时，事件产生并发送，事件订阅人接收事件，未订阅事件者不接收事件。事件接收者接收事件后做相应的处理——开始听老师讲题。

那么，什么是事件？

（1）事件的组成：

1）事件是一种发布消息的机制；

2）事件的两个方面：发送方与接收方；

3）发送方负责发布消息；

4）接收方进行响应，即接收消息后进行必要的处理；

5）发送方与接收方通过事件订阅建立关联。

（2）C#中的事件：

1）C#中事件是类的成员；

2）C#中的事件是通过委托来实现的。

发送方与接收方通过事件订阅建立关联，事件是类用来通知对象需要执行某种操作的方式。

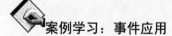案例学习：事件应用

下面的示例演示了事件应用。

```
using System;
using System.Collections.Generic;
using System.Linq;
using System.Text;

namespace 事件
{
    class Program
```

```csharp
    {
        static void Main(string[] args)
        {
            Publisher pub = new Publisher();
            Receiver rece1 = new Receiver("阿花");
            Receiver rece2 = new Receiver("阿福");
            pub.Event += new MyD(rece1.Method);
            pub.Event += new MyD(rece2.Method);
            pub.FireEvent("面试时间到了！");
            Console.ReadLine();
        }
    }
    public delegate void MyD(string mess);
    //事件发送者
    public class Publisher
    {
        public event MyD Event;
        public void FireEvent(string notice)
        {
            if (Event != null) Event(notice);
        }
    }
    //事件接收者
    public class Receiver
    {
        string _name;
        public Receiver(string name)
        {
            _name = name;
        }
        public void Method(string s)
        {
            Console.WriteLine("{0}知道:{1}", _name, s);
        }
    }
}
```

按 F5 键调试、运行程序，输出结果如图 5-37 所示。

图 5-37　输出结果

如何实现事件，如表 5-6 所示。

表 5-6　如何实现事件步骤表

步骤	说明	位置
定义委托	见委托的定义	
定义事件	用 event 关键字定义事件，事件是一个委托变量	发送方
触发事件	通知所有订阅该事件的对象	发送方
订阅事件	接收对象要向发送对象订阅事件，接收方与发送方建立关联	
定义响应，事件的方法	对事件进行响应的方法（回调函数），该方法必须符合事件（委托）的要求	接收方

定义事件的语法：

　　[访问修饰符]　　event　　委托名　　事件名;

下面看一个例子，如图 5-38 所示。

```
public delegate void MyD(string mess);  //定义委托
//事件发送者
  public class Publishe
  {
    public event MyD Event;  //定义事件
    public void FireEvent(string notice)
    {
      if (Event != null) Event(notice);
    }
  }
```

图 5-38　事件定义

触发事件：通知其他对象，发生了某个事件，如图 5-39 所示。

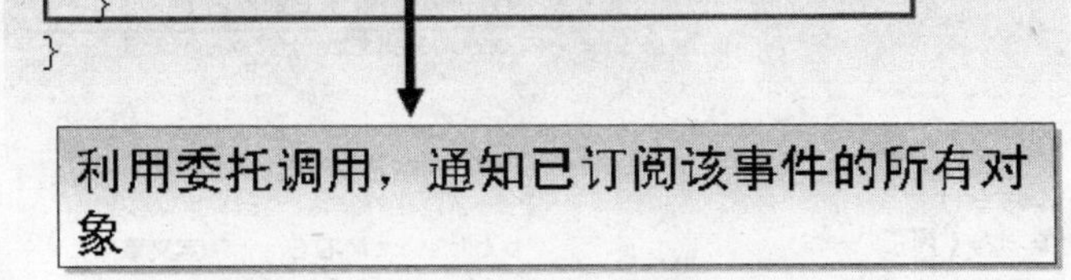

```
public delegate void MyD(string mess);  //定义委托
//事件发送者
  public class Publishe
  {
    public event MyD Event;  //定义事件
    public void FireEvent(string notice)
    {
      if (Event != null) Event(notice);
    }
  }
```

↓

利用委托调用，通知已订阅该事件的所有对象

图 5-39　触发事件

好处：事件发送者不需要事先知道都有哪些订阅者。

事件通信机制的优点：淡化了事件发送和事件接收两个对象之间的关系，使得两个类之间不须建立关联关系就可以进行通信（无连接）。

对象之间一般是通过调用方法来实现对象之间通信的，调用方法时需要用对象名做限定，如何知道对象名？可以在对象之间建立关联关系，即对象 A 作为对象 B 的属性，这样对象 B 就可以调用对象 A 的方法，从而对象 B 可以向对象 A 发送消息但对象之间建立的关联关系，增加了对象之间的耦合。

定义响应事件的方法如图 5-40 所示。

```
//事件接收者
public class Receiver
{
    string _name;
    public Receiver(string name)
    {
        _name = name;
    }
    public void Method(string s)  //响应事件的方法（回调函数）
    {
        Console.WriteLine("{0}知道:{1}", _name, s);
    }
}
```

图 5-40　定义响应事件方法

订阅事件如图 5-41 所示。

```
Publisher pub = new Publisher();
Receiver rece1 = new Receiver("阿花");
Receiver rece2 = new Receiver("阿福");
pub.Event += new MyD(rece1.Method);
pub.Event += new MyD(rece2.Method);
pub.FireEvent("面试时间到了！");       事件发生
Console.ReadLine();
```

图 5-41　订阅事件

事件发生如图 5-42 所示。

```
Publisher pub = new Publisher();
Receiver rece1 = new Receiver("阿花");
Receiver rece2 = new Receiver("阿福");
pub.Event += new MyD(rece1.Method);
pub.Event += new MyD(rece2.Method);
pub.FireEvent("面试时间到了！");         事件发生
Console.ReadLine();

public class Publishe
{
    public event MyD Event;  //定义事件
    public void FireEvent(string notice)    触发事件
    {
        if (Event != null) Event(notice);
    }
}                利用委托调用，通知已订阅该事件的所有对象
```

```
Publisher pub = new Publisher();
Receiver rece1 = new Receiver("阿花");
Receiver rece2 = new Receiver("阿福");
pub.Event += new MyD(rece1.Method);
pub.Event += new MyD(rece2.Method);
pub.FireEvent("面试时间到了！");    事件发生
Console.ReadLine();
```

图 5-42　事件发生

事件发送方：定义事件、触发事件。至于事件触发后做什么，即如何响应，在定义事件发送方时并不知道。

Windows 窗体的事件机制，就是利用事件驱动的方式进行工作的。例如：
Button 的 Click 事件：
（1）发送方：Button 控件
（2）接收方：某个窗体
为事件编写处理程序（回调函数）
- 订阅事件：*.designer.cs
（1）双击控件
（2）属性窗口中的事件列表

5.7 索引器

索引器是访问/修改类中数据的一种方法：
（1）像数组一样使用下标访问/修改类中的数据；
（2）索引器下标可以是 int，也可以是 string。
语法：

[访问修饰符] 数据类型 this[数据类型 标识符]
{
　　get{……}
　　set{……}
}

案例学习：索引器的应用一

下面的示例演示了索引器的用法。

```
using System;
using System.Collections.Generic;
using System.Linq;
using System.Text;

namespace 索引器
{
    class Program
    {
        static void Main(string[] args)
        {
            Point p = new Point();
            p[0] = 1;
            p[1] = 2;
            p[2] = 3;
```

```csharp
            Console.WriteLine("Point.x={0}", p[0]);
            Console.WriteLine("Point.y={0}", p[1]);
            Console.WriteLine("Point.z={0}", p[2]);
            Console.ReadLine();
        }
    }
    class Point
    {
        private float x, y, z;
        //定义索引器,使得可以使用数组的方式访问Vector的数据
        public float this[int i]
        {
            get
            {
                switch (i)
                {
                    case 0:
                        return x;
                    case 1:
                        return y;
                    case 2:
                        return z;
                    //若访问下标超出范围,抛出异常
                    default:
                        throw new IndexOutOfRangeException("下标超出范围");
                }
            }
            set
            {
                switch (i)
                {
                    case 0:
                        x = value; break;
                    case 1:
                        y = value; break;
                    case 2:
                        z = value; break;
                    //若访问下标超出范围,抛出异常
                    default:
                        throw new IndexOutOfRangeException("下标超出范围");
                }
            }
        }
```

        }
}

按 F5 键调试、运行程序，输出结果如图 5-43 所示。

```
Point.x=1
Point.y=2
Point.z=3
```

图 5-43　输出结果

案例学习：索引器的应用二

下面的示例演示了索引器的用法。

```csharp
using System;
using System.Collections.Generic;
using System.Linq;
using System.Text;

namespace 索引器1
{
    class Program
    {
        static void Main(string[] args)
        {
            // 创建一个容量为 3 的相册
            Framework friends = new Framework(3);
            // 创建 3 张照片
            Picture first = new Picture("幼年相片");
            Picture second = new Picture("成年相片");
            Picture third = new Picture("老年相片");
            // 向相册加载照片
            friends[0] = first;
            friends[1] = second;
            friends[2] = third;
            // 按索引检索
            Picture p1 = friends[2];
            Console.WriteLine(p1.Title);
            // 按名称检索
            Picture p2 = friends["幼年相片"];
            Console.WriteLine(p2.Title);
            Console.ReadLine();
        }
    }
    class Picture
```

```csharp
    {
        string _title;
        public Picture(string title)
        {
            this._title = title;
        }
        public string Title
        {
            get
            {
                return _title;
            }
        }
    }
    class Framework
    {
        // 该数组用于存放照片
        Picture[] picture;
        public Framework(int capacity)
        {
            picture = new Picture[capacity];
        }
        //用整型的序号作为下标的索引器
        public Picture this[int index]
        {
            get
            {
                // 验证索引范围
                if (index < 0 || index >= picture.Length)
                {
                    Console.WriteLine("索引无效");
                    // 使用 null 指示失败
                    return null;
                }
                // 对于有效索引，返回请求的照片
                return picture[index];
            }
            set
            {
                if (index < 0 || index >= picture.Length)
                {
                    Console.WriteLine("索引无效");
                    return;
                }
                picture[index] = value;
            }
        }
        public Picture this[string title]
        {
            get
            {
                // 遍历数组中的所有照片
                foreach (Picture p in picture)
                {
```

```
            // 将照片中的标题与索引器参数进行比较
            if (p.Title == title)
                return p;
        }
        Console.WriteLine("未找到");
        // 使用 null 指示失败
        return null;
    }
  }
}
```

在这个程序例子里,先看一下带有 int 参数的索引器定义,如图 5-44 所示。

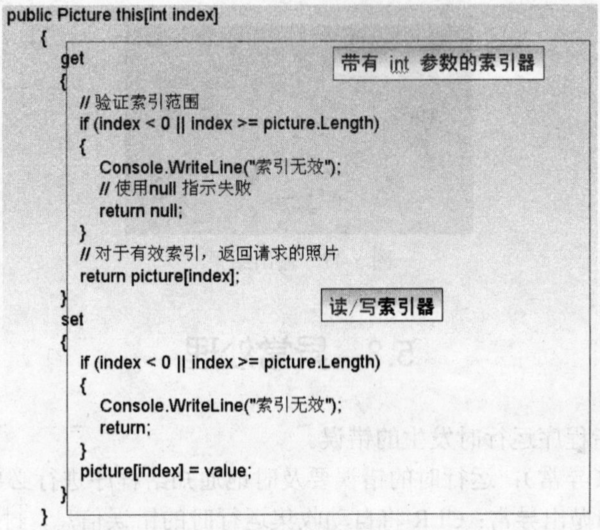

```
public Picture this[int index]
{
    get
    {
        // 验证索引范围
        if (index < 0 || index >= picture.Length)
        {
            Console.WriteLine("索引无效");
            // 使用null 指示失败
            return null;
        }
        // 对于有效索引,返回请求的照片
        return picture[index];
    }
    set
    {
        if (index < 0 || index >= picture.Length)
        {
            Console.WriteLine("索引无效");
            return;
        }
        picture[index] = value;
    }
}
```
带有 int 参数的索引器

读/写索引器

图 5-44 带有 int 参数的索引器定义

再看一下带有 string 参数索引器,如图 5-45 所示。

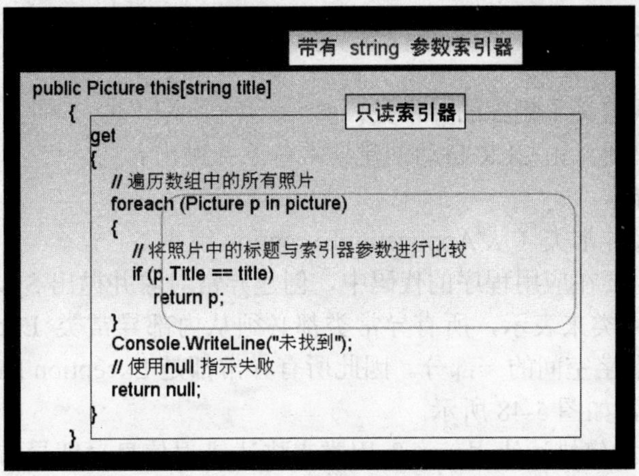

```
public Picture this[string title]
{
    get
    {
        // 遍历数组中的所有照片
        foreach (Picture p in picture)
        {
            // 将照片中的标题与索引器参数进行比较
            if (p.Title == title)
                return p;
        }
        Console.WriteLine("未找到");
        // 使用null 指示失败
        return null;
    }
}
```
带有 string 参数索引器

只读索引器

图 5-45 带有 string 参数的索引器定义

索引器的使用,如图 5-46 所示。

```
// 向相册加载照片
friends[0] = first;
friends[1] = second;
friends[2] = third;
// 按索引检索
Picture p1 = friends[2];
Console.WriteLine(p1.Title);
// 按名称检索
Picture p2 = friends["幼年相片"];
Console.WriteLine(p2.Title);
Console.ReadLine();
```

图 5-46　索引器的使用

按 F5 键调试、运行程序，输出结果如图 5-47 所示。

图 5-47　输出结果

5.8　异常处理

（1）异常：是指程序运行时发生的错误。

（2）报告错误（异常）：运行时的错误要及时地通知给程序进行必要的处理。

（3）异常对象与抛出异常：CLR 将自动收集运行时的错误信息，封装成对象（异常对象）来报告错误。这种报告错误的方法称为抛出异常。

（4）异常处理：C#用 try…catch 语句来捕捉系统抛出的异常对象，根据错误的内容进行相应的处理。

两种类型的异常：

（1）系统异常：

1）对常见的错误定义了相应的异常类；

2）发生运行时错误，由 CLR 自动创建异常对象并抛出。

（2）应用程序异常：

1）根据需要定义异常类（从 ApplicationException 继承）；

2）程序员根据需要在应用程序的代码中，创建异常对象并抛出 System.Exception 类。

在 C#中，异常用类来表示，所有异常类都必须从内部异常类 Exception 派生而来，而 Exception 是 System 名字空间的一部分。因此所有异常都是 Exception 的子类。

异常对象的结构，如图 5-48 所示。

异常的表示，即如何描述错误信息？用类来描述错误信息，即异常类。通过类的使用窗口，认识各种类型的异常对象。Exception 是所有异常的基类，ApplicationException 是应用程序异常的基类，它从 Exception 继承，但并没有增加新的功能，其目的是为了区分系统异常。

异常对象通过属性来描述错误信息，Exception 类的常用属性，如表 5-7 所示。

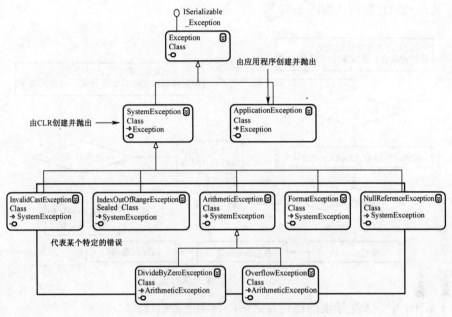

图 5-48　异常类的层次结构

表 5-7　Exception 类的常用属性表

属性	说明
Message	描述当前异常的错误信息（只读）
Data	存储用户定义的其他异常信息（2.0 新增，键/值对的集合类型）
HelpLink	获取或设置关联的帮助文件链接
Source	导致错误的对象名称或产生异常的程序集名称
TargetSite	产生当前异常的方法名称

系统抛出的异常，程序是如何获得的呢？也就是说，异常对象怎样产生的呢？我们看一个组合语句——try-catch-finally。

当用异常对象报告错误后，只有 try-catch 中的 catch 语句块能够捕获异常对象并进行处理。try-catch 的语法，如图 5-49 所示。

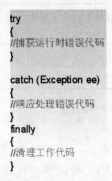

图 5-49　try-catch 的语法

异常处理的执行流程，如图 5-50 所示。

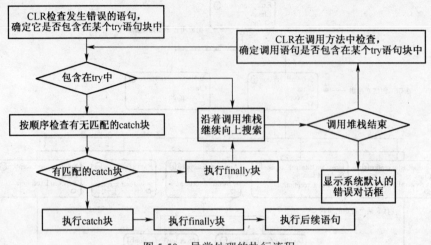

图 5-50　异常处理的执行流程

（1）在 try 中，发生错误的语句行之后的语句不会执行；

（2）在 try-catch 中只能执行一个 catch 块；

（3）如果没有匹配的 catch 对错误进行处理，异常对象将沿调用堆栈向上传播。

首先看第一种语法组合——try-catch 语句。

try-catch 语句的语法细则（一），如表 5-8 所示。

表 5-8　各语句块的作用表

语句块	作用
try	把可能发生错误的语句放在 try 语句块中进行保护
catch	捕获 try 语句块中抛出的异常对象并进行处理，可以有多个 catch 语句块
finally	清理和释放 try 块中的资源，finally 语句块是可选的

try-catch 语句的语法细则（二），如表 5-9 所示。

表 5-9　各语句块的执行表

语句块	执行
Try	把可能发生错误的语句放在 try 语句块中进行保护，如果某行语句发生错误，其后的语句将不会执行
Catch	只执行与异常对象匹配的第一个 catch 语句块
Finally	无论什么情况，都会执行

try-catch 语句的语法细则（三）——catch 块

（1）异常筛选器：

1）指定 catch 块要捕获的异常类型；

2）对于没有异常筛选器的 catch 块，可以捕捉任何类型的异常。

（2）匹配 catch 块：

1)异常筛选器中指定的异常类型与异常对象的类型相同;
2)异常筛选器中指定的异常类型与异常对象基类的类型相同。
(3)对于多个 catch 块,异常筛选器的排列顺序:
1)排列规则为派生类在前,基类在后;
2)异常筛选器的排列顺序是编译器的检查范围。
将具有最具体的(派生程度最高的)异常类的 catch 块放在最前面。
对于 try 和 catch 块的理解,如图 5-51 所示。

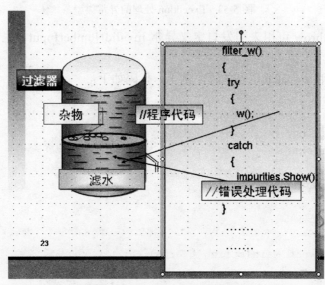

图 5-51 try 和 catch 块的理解

catch 后面还可以定义各类异常对象,不同异常类的对象可以获取不同类型的异常信息,如图 5-52 所示。

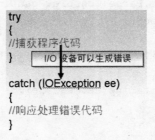

图 5-52 IOException 处理的异常类型

而 System.Exception 类可处理系统中的任何一种异常,如图 5-53 所示。
异常的获得有两种途径,一种是系统抛出,另一种是由程序主动抛出,对于程序主动抛出这种情况,如下段程序所示:

```
if (input < 1 && input > 50)
{
    throw new InvalidNumberInput("请输入 1 和 50 之间的数字");
}
```

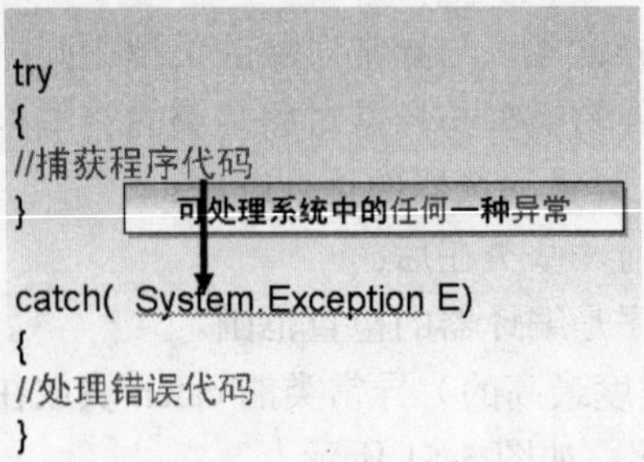

```
try
{
    //捕获程序代码
}            可处理系统中的任何一种异常
catch( System.Exception E)
{
    //处理错误代码
}
```

图 5-53 Exception 处理的异常类型

这段程序里，throw 可用来引发自定义异常 InvalidNumberInput，也可以抛出其他异常对象。

我们看一个使用 try-catch 语句的程序例子，代码如下：

```
using System;
using System.Collections.Generic;
using System.Linq;
using System.Text;

namespace 异常处理
{
    class Program
    {
        static void Main(string[] args)
        {
            try
            {
                int input;
                InvalidNumberInput i = new InvalidNumberInput();
                input = int.Parse(Console.ReadLine());
                i.shuru(input);
            }
            catch (InvalidNumberInput ee)
            {
                Console.WriteLine(ee.Message);
            }
            Console.ReadLine();
        }
    }
    public class InvalidNumberInput : System.ApplicationException
    {
        string mess;
        public InvalidNumberInput() : base() { }
        public InvalidNumberInput(string message)
            : base(message)
        {
            mess = message;
```

```
    }
    public void shuru(int input)
    {
        if (input < 1 && input > 50)
        {
            throw new InvalidNumberInput
            ("请输入 1 和 50 之间的数字");
        }
    }
}
```

该程序中的 InvalidNumberInput 是一个自定义的异常类,用来处理输入数字不符合要求的情况。它继承于应用程序异常类 ApplicationException。

下面再看一下 try-catch 语句使用 finally 的情况,如图 5-54 所示。

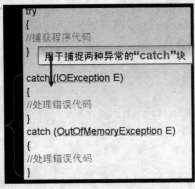

图 5-54　使用 finally 的情况

还有一种多 catch 块的使用情况,如图 5-55 所示。

图 5-55　多 catch 块的使用情况

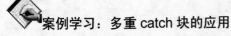案例学习:多重 catch 块的应用

下面的示例演示了多重 catch 块的用法。

```csharp
using System;
using System.Collections.Generic;
using System.Linq;
using System.Text;

namespace 异常处理1
{
    class Program
    {
        static void Main(string[] args)
        {
            try
            {
                int dividend = int.Parse(Console.ReadLine());
                int divisor = int.Parse(Console.ReadLine());
                MyCustomException my = new MyCustomException();
                my.chushu(divisor);
                int result = dividend / divisor;
                Console.WriteLine("两个数相除，结果为：{0}",result);
            }
            catch (MyCustomException ee)
            {
                Console.WriteLine(ee.Message);
            }
            Console.ReadLine();
        }
    }
    public class MyCustomException : System.ApplicationException
    {
        string mess;
        public MyCustomException() : base() { }
        public MyCustomException(string message)
            : base(message)
        {
            mess = message;
        }
        public void chushu(int divisor)
        {
            if (divisor == 0)
            {
                throw new MyCustomException("除数不能为零");
            }
        }
    }
}
```

按 F5 键调试、运行程序，输出结果如图 5-56 所示。

图 5-56 输出结果

案例学习：自定义异常的应用

下面的示例演示了自定义异常的用法。

```
using System;
using System.Collections.Generic;
using System.Linq;
using System.Text;

namespace 异常处理2
{
    class Program
    {
        static void Main(string[] args)
        {
            try
            {
                string name = Convert.ToString(Console.ReadLine());
                string email = Convert.ToString(Console.ReadLine());
                EmailException e = new EmailException();
                e.Save(name, email);
            }
            catch (EmailException ee)
            {
                Console.WriteLine(ee.Message);
            }
            Console.ReadLine();
        }
    }
    public class EmailException : ApplicationException
    {
        public string _message;
        //重写构造函数
        public EmailException()
            : base()
        {
            _message = null;
        }
        public EmailException(string message)
            : base()
        {
            _message = message.ToString();
        }
```

```csharp
            public EmailException(string message,
                Exception myNew)
                : base(message, myNew)
            {
                _message = message.ToString();
            }
            //Message 属性的重载
            public override string Message
            {
                get
                {
                    return "Email 格式错误。";
                }
            }
            public bool Save(string name, string email)
            {
                string[] subStr= email.Split('@');
                //如果输入的 Email 不是被"@"字符分割成两段,则抛出 Email 错误异常
                if (subStr.Length != 2)
                {
                    throw new EmailException();
                }
                else
                {
                    int index = subStr[1].IndexOf(".");
                    if (index <= 0)
                    {
                        throw new EmailException();
                    }
                    if (subStr[1][subStr[1].Length - 1] == '.')
                    {
                        throw new EmailException();
                    }
                }
                return true;
            }
        }
    }
```

按 F5 键调试、运行程序,输出结果如图 5-57 所示。

图 5-57 输出结果

5.9 组件与程序集

软件行业中的术语"组件"常用于指可重用的、以标准化方式向客户端公开一个或多个接口的对象。一个组件可作为一个类实现，也可作为一组类实现；主要要求是完善定义基本的公共接口。

组件的分类：

（1）可视化组件（Visual Component）：可视化组件在运行期间用户是可以看到的，也称控件（control）。

（2）非可视化组件（Nonvisual Component）：非可视化组件是指用户在运行期间是看不到的。

在.NET Framework 编程中最常用的一些组件是添加到 Windows 窗体中的可视控件，如 Button 控件（Windows 窗体）、ComboBox 控件（Windows 窗体）等。非可视组件包括 Timer Control、SerialPort 和 ServiceController 以及其他组件。

程序集是任何.NET Framework 应用程序的基本构造块。例如，在生成简单的 C#应用程序时，Visual Studio 创建一个单个可移植可执行（PE）文件形式的程序集，明确地说就是一个 EXE 或 DLL。

程序集包含描述它们自己的内部版本号和它们包含的所有数据和对象类型的详细信息的元数据。

程序集仅在需要时才加载。如果不使用程序集，则不会加载。这意味着程序集可能是在大型项目中管理资源的有效途径。

程序集可以包含一个或多个模块。

5.10 本章小结

- 继承是获得现有类的功能的过程。
- 创建新类所根据的基础类称为基类或父类，新建的类则称为派生类或子类。
- base 关键字用于从派生类中访问基类成员。
- override 关键字用于修改方法、属性或索引器。new 访问修饰符用于显式隐藏继承自基类的成员。
- 抽象类是指至少包含一个抽象成员（尚未实现的方法）的类。抽象类不能实例化。
- 重写方法就是修改基类中方法的实现。virtual 关键字用于修改方法的声明。
- 接口只包含方法、属性、索引器（有参属性）、事件四种成员。方法的实现是在实现接口的类中完成的。
- 组件是管理代码编写、在通用语言运行时构建的，组件向开发人员提供了一个全新的混合开发环境。

课后习题

一、编程题

1. 创建一个研究生类，派生自学生类。学生具有属性：学号和姓名，研究生除了有学号和姓名以外，还具有工资属性。

2. 使用运算符重载技术实现复数的相加。

二、选择题

1. 分析下列程序中类 MyClass 的定义
   ```
   class BaseClass
   {
   public int i;
   }
   class MyClass:BaseClass
   {
   public new int i;
   }
   ```
   则下列语句在 Console 上的输出为（　　）。
   ```
   MyClass y = new MyClass();
   BaseClass x = y;
   x.i = 100;
   Console.WriteLine("{0}, {1}",x.i,y.i);
   ```
   （提示：注意类 MyClass 中的 new 关键字）
   A. 0, 0　　　　B. 100, 100　　　　C. 0, 100　　　　D. 100, 0

2. 在定义类时，如果希望类的某个方法能够在派生类中进一步进行改进，以处理不同的派生类的需要，则应将该方法声明成（　　）。
   A. sealed 方法　　B. public 方法　　C. Virtual 方法　　D. override 方法

3. 类 MyClass 中有下列方法定义：
   ```
   public void testParams(params int[] arr)
   {
   Console.Write ("使用 Params 参数！");
   }
   public void testParams(int x,int y)
   {
   Console.Write ("使用两个整型参数！");
   }
   ```
   请问上述方法重载有无二义性？若没有，则下列语句的输出为（　　）。
   ```
   MyClass x = new MyClass();
   x.testParams(0);
   x.testParams(0,1);
   x.testParams(0,1,2);
   ```
   A. 有语义二义性
   B. 使用 Params 参数！使用两个整型参数！使用 Params 参数
   C. 使用 Params 参数！使用 Params 参数！使用 Params 参数

D. 使用 Params 参数！使用两个整型参数！使用两个整型参数

4. C#程序中，可使用 try-catch 机制来处理程序出现的（　　）错误。
   A. 语法　　　　　　　　　　B. 运行
   C. 逻辑　　　　　　　　　　D. 拼写

5. C#中，在方法 MyFunc 内部的 try-catch 语句中，如果在 try 代码块中发生异常，并且在当前的所有 catch 块中都没有找到合适的 catch 块，则（　　）。
   A. .NET 运行时忽略该异常
   B. .NET 运行时马上强制退出该程序
   C. .NET 运行时继续在 MyFunc 的调用堆栈中查找提供该异常处理的过程
   D. .NET 抛出一个新的"异常处理未找到"的异常

6. 下列（　　）不是接口成员。
   A. 方法　　　　　　　　　　B. 属性
   C. 事件　　　　　　　　　　D. 字段

第 6 章 Windows 编程基础

本章内容

6.1 Windows 和窗体的基本概念

6.1.1 Windows Forms 程序基本结构

在使用 Windows 操作系统时经常会遇到如图 6-1 所示的窗体操作程序。一般而言，这种操作多是用户在计算机上面的独立操作。

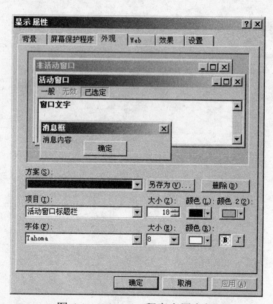

图 6-1 Windows 程序应用案例

下面我们建立第一个 C#环境下面的 Windows 应用程序。启动 Visual Studio 2008，默认语言为 C#语言，建立如图 6-2 所示的 Windows 应用程序。一般而言，Visual C#开发应用程序步骤包括：建立项目、界面设计、属性设计和代码设计几个阶段。

在建立新的项目时须定义好项目的名称，具体的物理路径位置，单击"确定"按钮后 Visual C#将自动创建一个新的默认窗体 Form011，窗体设计器的界面如图 6-3 所示。

在展开的窗体设计器界面之中，平时使用较多的操作控制区域分别是：工具箱，解决方案资源管理器和属性。工具箱面板将为 Windows 窗体提供强有力的工具，属性面板将反映拖拽过来的 Windows 控件的具体属性设置，解决方案资源管理器反映当前开发时所需要操作的各种文件资源。

第 6 章 Windows 编程基础

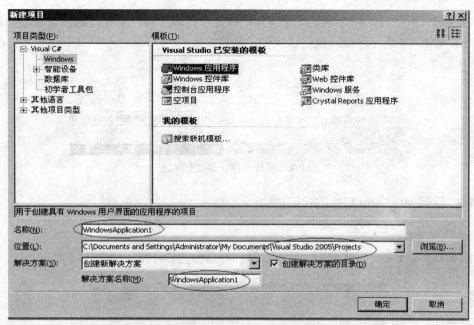

图 6-2 新建 Windows 应用项目

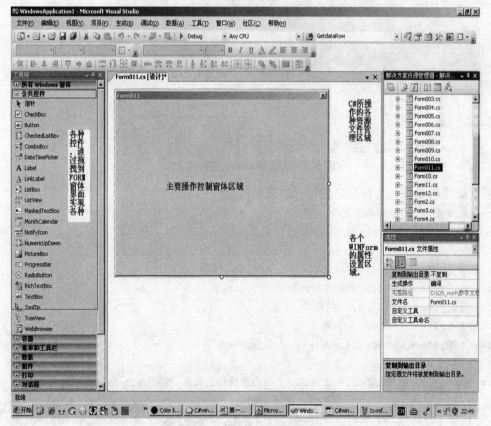

图 6-3 窗体设计器的界面

在首次进行设计时，如果遇到无法找到这些操作控制区域的情况，请在窗体设计界面的右上角选择如图 6-4 所示区域，就可以展开这些控制区。

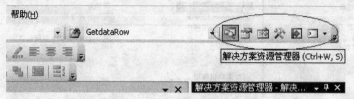

图 6-4 展开各种资源控制区域

6.1.2 了解 WinForm 程序的代码结构

1. 初识 WinForm 代码

在图 6-3 所示的主要窗体控制区域用右键打开后台的 C#代码，如图 6-5 所示。

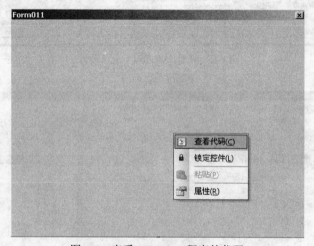

图 6-5 查看 WinForm 程序的代码

展开的代码如下，具体意义见每行的注释信息：

```
using System;// 基础核心命名空间
using System.Collections.Generic;
//包含了 ArrayList、BitArray、Hashtable、Stack、StringCollection 和 StringTable 类
using System.ComponentModel;
using System.Data;//数据库访问控制
using System.Drawing;//绘图类
using System.Text;//文本类
using System.Windows.Forms;  //大量窗体和控件

namespace WindowsApplication1    //当前操作的命名控件是 WindowsApplication1
{
    public partial class Form011 : Form   //从 System.Windows.Forms.Form 中派生
    {
        public Form011()
```

```
        {
            InitializeComponent();//注意该方法在下面的介绍
        }
    }
}
```

小知识：

理解 Using 语句

Using 语句通常出现在一个.cs 文件中的头部，用于定义引用系统命名空间，具体的操作方法和属性等被定义在该系统的命名控件之中，比如如果不写 using System.Drawing，则无法在后期开发之中进行图形图像方面的设计开发。

另一方面，用户可以定义用户自定义类在一个用户自定义的命名空间下，这样在头部通过 Using 语句声明该用户自定义的命名空间，从而获取该命名空间下的具体类以及该类的属性和方法，达到对于系统软件分层开发的目的。

2. 理解 InitializeComponent()方法

在每一个窗体生成时，都会针对当前的窗体定义 InitializeComponent()方法，该方法实际上是由系统生成的对于窗体界面的定义方法。

```
//位于.cs 文件之中的 InitializeComponent()方法
public Form011()
    {
        InitializeComponent();
    }
```

在每一个 Form 文件建立后，都会同时产生程序代码文件.cs 文件，以及与之相匹配的.Designer.cs 文件，业务逻辑以及事件方法等被编写在.cs 文件之中，而界面设计规则被封装在.Designer.cs 文件里，下面代码为.Designer.cs 文件的系统自动生成的脚本代码。

```
namespace WindowsApplication1
{
    partial class Form011
    {
        /// <summary>
        /// 必需的设计器变量
        /// </summary>
        private System.ComponentModel.IContainer components = null;
        /// <summary>
        /// 清理所有正在使用的资源
        /// </summary>
        /// <param name="disposing">如果应释放托管资源，为 true；否则为 false
        /// </param>
        protected override void Dispose(bool disposing)
        {
            if (disposing && (components != null))
            {
                components.Dispose();
            }
            base.Dispose(disposing);
        }
```

```csharp
#region Windows 窗体设计器生成的代码
/// <summary>
/// 设计器支持所需的方法 - 不要使用代码编辑器修改此方法的内容。
/// </summary>
private void InitializeComponent()
{
    this.button1 = new System.Windows.Forms.Button();
    this.label1 = new System.Windows.Forms.Label();
    this.SuspendLayout();
    // button1
    this.button1.Location = new System.Drawing.Point(70, 43);
    this.button1.Name = "button1";
    this.button1.Size = new System.Drawing.Size(75, 23);
    this.button1.TabIndex = 0;
    this.button1.Text = "button1";
    this.button1.UseVisualStyleBackColor = true;
    // label1
    this.label1.AutoSize = true;
    this.label1.Location = new System.Drawing.Point(12, 54);
    this.label1.Name = "label1";
    this.label1.Size = new System.Drawing.Size(41, 12);
    this.label1.TabIndex = 1;
    this.label1.Text = "label1";
    // Form011
    this.AutoScaleDimensions = new System.Drawing.SizeF(6F, 12F);
    this.AutoScaleMode = System.Windows.Forms.AutoScaleMode.Font;
    this.ClientSize = new System.Drawing.Size(458, 326);
    this.Controls.Add(this.label1);
    this.Controls.Add(this.button1);
    this.FormBorderStyle = System.Windows.Forms.FormBorderStyle.FixedToolWindow;
    this.Name = "Form011";
    this.StartPosition = System.Windows.Forms.FormStartPosition.CenterScreen;
    this.Text = "Form011";
    this.ResumeLayout(false);
    this.PerFormLayout();
}
#endregion
private System.Windows.Forms.Button button1;
private System.Windows.Forms.Label label1;
    }
}
```

在代码之中，可以很容易发现 InitializeComponent()方法和 Dispose()方法，前者为界面设计的变现内容，后者为表单释放系统资源时执行编码。

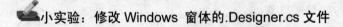小实验：修改 Windows 窗体的.Designer.cs 文件

请更改 InitializeComponent()方法中的相关属性参数，观察界面的显示是否有变化。

3. 创建 WinForm 应用程序的入口点

在 WinForm 应用程序的开发设计中，一般会通过多窗体协调一致地处理具体业务流程。这种应用必须由程序员决定哪个 WinForm 的窗体第一个被触发执行，在 Windows Forms 开发程序设计中由位于根目录下的 Program.cs 文件决定。展开 Program.cs 文件，按照下面代码即可决定哪个 WinForm 的表单第一个被触发执行。

小实验：修改 WinForm 应用程序的入口点

```csharp
using System;
using System.Collections.Generic;
using System.Windows.Forms;

namespace WindowsApplication1
{
    static class Program
    {
        /// <summary>
        /// 应用程序的主入口点
        /// </summary>
        [STAThread]
        static void Main()
        {
            Application.EnableVisualStyles();
            Application.SetCompatibleTextRenderingDefault(false);
            Application.Run(new Form011());//此处黑体字部分决定哪个窗体文件首先被执行。
        }
    }
}
```

6.2 WinForm 中的常用控件

6.2.1 简介

WinForm 中的常用控件来自于系统 System.Windows.Forms.Control，该类库来自 System.Windows.Forms 命名空间之内，该命名空间提供各种控件类，使用这些控件类，可以创建丰富的用户界面，具体实现功能由位于该命名空间下的 Control 系统类派生。Control 类为在 Form 中显示的所有控件提供基本功能，Form 类表示应用程序内的窗口。这包括对话框、无模式窗口和多文档界面（MDI）客户端窗口及父窗口，同时也可以通过从 UserControl 类派生而创建自己的控件。

对于上述所有的这些可视化界面组件，我们统一称为控件，这些控件都是源于 System.Windows.Forms 命名空间，该命名空间结构如图 6-6 所示。

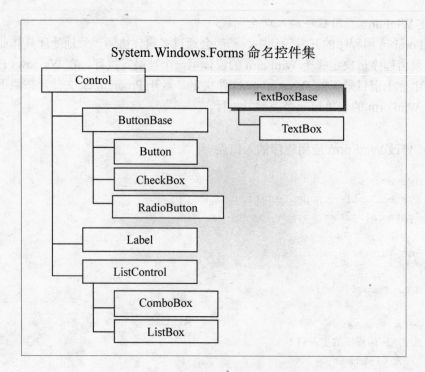

图 6-6 System.Windows.Forms 命名控件集

案例学习：建立第一个 WinForm 应用——员工信息录入功能

本次实验目标是快速建立如图 6-7 所示的员工信息录入窗体，通过该案例使读者快速掌握 WinForm 中的常用控件包括标签控件、文本框控件、按钮控件、组合框、列表框控件。

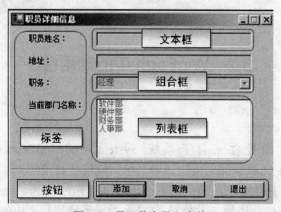

图 6-7 员工信息录入窗体

- 实验步骤（1）：

由图 6-8 所示，从工具箱之中拖拽具体的控件到 Form 窗体上，并更改标签对象和按钮的 text 属性为图 6-7 所示内容。将文本框，列表框和组合框的 Enabled 属性设置为 False，即设置这些控件为不可用状态。

第 6 章　Windows 编程基础

图 6-8　工具箱拖拽控件对象

- 实验步骤（2）：

由图 6-9 所示，分别配置列表框和组合框的 Items 属性，在展开的字符串集合编辑器内输入图 6-9 所示的具体文本信息。

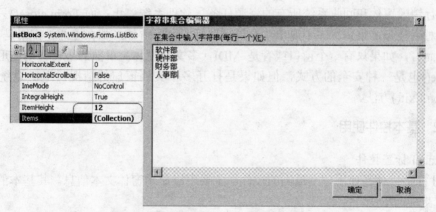

图 6-9　配置列表框和组合框的 Items 属性

- 实验步骤（3）：

用鼠标双击"添加"按钮，进入 .cs 文件编辑状态准备进行开发。"添加"、"取消"和"关闭"按钮的鼠标单击事件详细代码如下：

添加功能源代码：

```
private void button1_Click(object sender, EventArgs e)
{
    textBox1.Enabled = true;
    textBox2.Enabled = true;
    listBox1.Enabled = true;
    comboBox1.Enabled = true;              //设置所有代码为可用状态
    comboBox1.SelectedIndex = 0;           //设置组合框控件默认为第一个
    textBox1.Focus();                      //设置第一个文本框后的焦点
}
```

取消功能源代码：
```
private void button2_Click(object sender, EventArgs e)
{
    textBox1.Enabled = false;
    textBox2.Enabled = false;
    listBox1.Enabled = false;
    comboBox1.Enabled = false;//设置所有代码为不可用状态
}
```

关闭功能源代码：
```
private void button3_Click(object sender, EventArgs e)
{
    Application.Exit();
    //通知所有消息泵必须终止，并且在处理了消息以后关闭所有应用程序窗口
}
```

💡 问题讨论：使用 Application.Exit()还是 Form.Close()呢？

不论是 Application.Exit()，还是 Form.Close()都可以起到关闭当前窗体的作用，但是需要初学者了解这两种方法的差异性。

一个完整的 WinForm 程序从 Application.Run(new Form1)开始到 Application.Exit()结束，最终将执行销毁窗体和回收系统所有的资源任务，软件系统停止；而 Form.close()只是关闭当前窗口和对话任务，整体程序不退出。如果只打开了一个窗体，那么这两种方案是一致的。

一般而言，如果只有一个窗口或者是 MDI（多文档窗体）里面的主窗口则是退出程序，Form.close()也是一种安全的方式，但如果是打开多个文档窗口的情况，退出系统必须使用 Application.Exit()方法。

6.2.2 基本控件使用

1. Label 标签控件

Label 标签控件是使用频度最高的控件，主要用以显示窗体文本信息。其基本的属性和方法定义如表 6-1 所示。

表 6-1 Label 标签控件属性及方法表

属性	说明
Text	该属性用于设置或获取与该控件关联的文本
方法	说明
Hide	隐藏控件，调用该方法时，即使 Visible 属性设置为 True，控件也不可见
Show	相当于将控件的 Visible 属性设置为 True 并显示控件
事件	说明
Click	用户单击控件时将发生该事件

案例学习：标签控件的隐藏，窗口打开与关闭

本次实验目标是建立两个窗体，当单击图 6-10 的"登录系统"链接时，可以打开另一个

窗体，在单击"文字打开"链接后显示学校名称，单击"文字隐藏"链接时隐藏学校名称。通过本案例使读者快速掌握窗体的打开和关闭技巧，以及标签的隐藏方法。

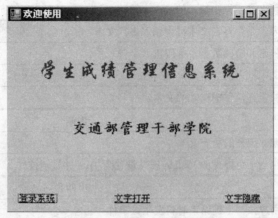

图 6-10　窗口打开与关闭窗体

- 实验步骤（1）：

由图 6-10 所示，从工具箱之中拖拽标签控件和 linkLabel 超链接文本控件到 Form 窗体上，更改标签文本的颜色、字体和大小属性，填写每个控件的 Text 属性文字内容，达到图 6-10 效果。再建立 Form2 窗体，以便在单击"登录系统"链接后可以将之打开。

- 实验步骤（2）：

用鼠标双击"登录系统"超链接文本，进入.cs 文件编辑状态准备进行开发。代码如下：
打开新窗体源代码：

```
private void linkLabel1_LinkClicked(object sender, LinkLabelLinkClickedEventArgs e)
{
    linkLabel1.LinkVisited = true;      //确认超文本文件链接是按照链接后的样式呈现
    Form2 newForm = new Form2();        //实例化 Form2 窗体，命名为 newForm
    newForm.Show();                     //将实例化后的窗体打开
    this.Hide();                        //当前的窗体隐藏
}
```

文字打开源代码：

```
private void linkLabel2_LinkClicked(object sender, LinkLabelLinkClickedEventArgs e)
{
    label2.Show();
}
```

文字隐藏源代码：

```
private void linkLabel2_LinkClicked(object sender, LinkLabelLinkClickedEventArgs e)
{
    label2.Hide();
}
```

2. TextBox 文本框控件和 Button 按钮控件

TextBox 文本框控件是使用频度较高的控件，主要用以接收或显示用户文本信息。其基本的属性和方法定义如表 6-2 所示。

表 6-2 TextBox 文本框控件属性及方法包括表

属性	说明
MaxLength	可在文本框中输入的最大字符数
Multiline	表示是否可在文本框中输入多行文本
Passwordchar	机密和敏感数据，密码输入字符
ReadOnly	文本框中的文本为只读
Text	检索在控件中输入的文本
方法	说明
Clear	删除现有的所有文本
Show	相当于将控件的 Visible 属性设置为 True 并显示控件
事件	说明
KeyPress	用户按一个键结束时将发生该事件

Button 按钮控件主要接收用户功能确认操作，以期执行具体的触发事件。其基本的属性和方法定义如表 6-3 所示。

表 6-3 Button 按钮控件属性及方法表

属性	说明
Enabled	确定是否可以启用或禁用该控件
方法	说明
PerFormClick	Button 控件的 Click 事件
事件	说明
Click	单击按钮时将触发该事件

案例学习：用户登录功能设计

本次实验目标是通过用户输入名称和密码，经过判别为非空性之后，再判断是否符合系统规定的内容，无论成功或者失败都提示用户操作结果，如图 6-11 所示。

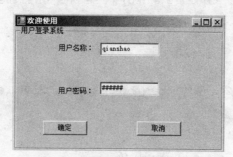

图 6-11 用户登录功能设计界面

- 实验步骤（1）：

由图 6-11 所示，从工具箱中拖拽标签控件、Button 按钮控件以及在工具栏内的 groupBox

控件到 Form 窗体上，调整各个控件基本属性以达到图 6-11 效果。特别值得注意的是对于用户密码文本框的设置工作，其更改属性办法如图 6-12 所示。

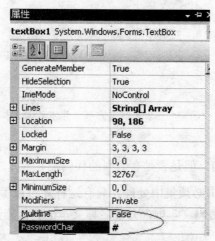

图 6-12 改变文本框属性成为密码框

- 实验步骤（2）：

用鼠标双击"确定"按钮，进入.cs 文件编辑状态准备进行开发。代码如下：
用户登录功能源代码：

```
private void button1_Click(object sender, EventArgs e)
{
    if (textBox1.Text == string.Empty || textBox2.Text == string.Empty)
    //此处复习逻辑或关系的编写和如何判别字串为空
    {
        MessageBox.Show("信息禁止为空！","登录提示");
        //WinForm 环境下的弹出对话框
        textBox1.Clear();
        textBox2.Clear();
        textBox2.Focus();
        //清空名称和密码文本框，并使得名称文本框获得焦点
        return;
    }
    if (!textBox1.Text.Equals("admin") || !textBox2.Text.Equals("admin"))
    {
        MessageBox.Show("用户名称或密码为空！","登录提示");//WinForm 环境下的弹出对话框
        textBox1.Clear();//清理文本框的内容
        textBox2.Clear();
        textBox2.Focus();//清空名称和密码文本框，并使名称文本框获得焦点
        return;
    }
    else
    {
        MessageBox.Show("欢迎您登录本系统！","消息提示");//WinForm 环境下的弹出对话框
        textBox1.Clear();
```

```
            textBox2.Clear();
            textBox2.Focus();
        }
    }
```

取消功能源代码：
```
private void button2_Click(object sender, EventArgs e)
{
    textBox1.Clear();
    textBox2.Clear();
    textBox2.Focus();//清空名称和密码文本框，并使名称文本框获得焦点
}
```

 问题讨论：代码是正确的，但是否是有效率的代码呢？

具有相同功能的业务逻辑必须集中处理，只有这样才可以做到代码的高可维护性和高可用性。将上述"清空名称和密码文本框，并使名称文本框获得焦点"，部分代码改为公用方法clear()，代码如下：

优化后的源代码：
```
private void button1_Click(object sender, EventArgs e)
{
    if (textBox1.Text == string.Empty || textBox2.Text == string.Empty)
    {
        MessageBox.Show("信息禁止为空！","登录提示");
        clear();
        return;
    }
    if (!textBox1.Text.Equals("admin") || !textBox2.Text.Equals("admin"))
    {
        MessageBox.Show("用户名称或密码为空！", "登录提示");
        clear();
        return;
    }
    else
    {
        MessageBox.Show("欢迎您登录本系统！","消息提示");
        clear();
    }
}
public void clear()
//将具有共性的代码通过方法进行封装以提高执行效率
{
    textBox1.Clear();
    textBox2.Clear();
    textBox2.Focus();
}
```

3. ListBox 列表框控件

ListBox 列表框控件主要用以显示多行文本信息，以提供用户选择之用。其基本的属性和方法定义如表 6-4 所示。

表 6-4 ListBox 列表框控件属性及方法表

属性	说明
Items	列表框中的具体项目,需要用户自行编辑
SelectionMode	指示列表框是单项选择,多项选择还是不可选择
SelectedIndex	被选中的行索引,默认第一行为 0
SelectedItem	被选中的行文本内容
SelectedItems	ListBox 的选择列表集合
Text	默认的文本内容

方法	说明
ClearSelected	清除当前选择

事件	说明
SelectedIndexChanged	一旦改变选择即触发该事件

案例学习:使用列表框控件

本次实验目标是在 Form 窗体上建立一个列表框控件,窗体初始化的时候加载信息到列表框之中,当用户用鼠标点击某一行列表框内的信息时,弹出对话框显示该行具体的文本信息内容,如图 6-13 所示。

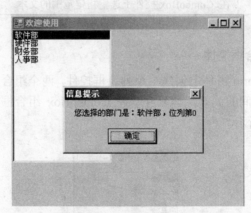

图 6-13 使用列表框实验界面

- 实验步骤(1):

由图 6-13 所示,从工具箱中拖拽列表框 ListBox 控件到 Form 窗体上,调整控件基本属性以达到图 6-13 效果。

- 实验步骤(2):

用鼠标双击窗体界面,进入.cs 文件编辑状态准备进行开发。代码如下:
窗体初始化加载事件源代码:

```
private void Form1_Load(object sender, EventArgs e)
{
    this.listBox1.Items.Add("软件部");
```

```csharp
    this.listBox1.Items.Add("硬件部");
    this.listBox1.Items.Add("财务部");
    this.listBox1.Items.Add("人事部");//通过 Add 方法实现对下拉列表控件信息的填充
}
```

单击 ListBox 的某行获取该行信息源代码：

```csharp
private void listBox1_SelectedIndexChanged(object sender, EventArgs e)
{
    MessageBox.Show("您选择的部门是：" + listBox1.SelectedItem.ToString() +
    "，位列第" + listBox1.SelectedIndex.ToString(), "信息提示");
    //注意学习：listBox 的 SelectedIndex 属性代表选中的行数
    //注意学习：listBox 的 SelectedItem 属性代表选中的行信息内容
}
```

4. ComboBox 组合框控件

ComboBox 组合框控件为典型的多选一控件，主要用以限制用户在多个固定信息情况下选择唯一一行的文本信息，以确认用户选择逻辑。其基本的属性和方法定义如表 6-5 所示。

表 6-5 ComboBox 组合框控件属性及方法表

属性	说明
DropDownStyle	ComboBox 控件的样式
MaxDropDownItems	下拉区显示的最大项目数
方法	说明
Select	在 ComboBox 控件上选定指定范围的文本

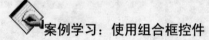
案例学习：使用组合框控件

本次实验目标是在 Form 窗体上创建一个列表框控件，两个组合框控件以及一个文本框控件，通过这些控件彼此之间的关联，学习并掌握 ComboBox 组合框控件的主要属性和方法。本次实验目标如图 6-14 所示。

图 6-14 ComboBox 组合框控件实现目标界面

根据图 6-14 所示，在窗体初始化时加载部门信息到列表框和组合框内，上下组合框的 DropDownStyle 属性不同，上面为 DropDown 类型，下面为 DropDownList 类型。当选择上面组合框中的具体工作部门时，选中的信息将分别呈现在文本框、DropDown 类型列表框和 DropDownList 类型列表框之中。

- 实验步骤（1）：

由图 6-14 所示，从工具箱中拖拽一个列表框控件，两个组合框控件以及一个文本框控件到 Form 窗体上，调整控件基本属性以达到图 6-14 效果。在设置上下两个组合框控件时候，分别设置其属性 DropDownStyle 属性为 DropDown 和 DropDownList 类型。这两种类型呈现的效果完全一样，但是 DropDown 类型是可以读写的，但是 DropDownList 类型仅仅为只读状态，不可编辑。DropDownStyle 还有一个属性为 Simple，列表信息完全展开，类似于列表框的样式，并且也为只读状态，不可编辑，如图 6-15 所示。

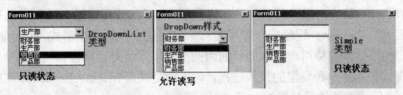

图 6-15　ComboBox 组合框控件 DropDownStyle 属性的三种状态

- 实验步骤（2）：

用鼠标双击窗体界面，进入.cs 文件编辑状态准备进行开发。代码如下：
在窗体初始化事件 Form_Load 中加载数据到具体控件：

```csharp
private void Form011_Load(object sender, EventArgs e)
{
    this.comboBox1.Items.Add("财务部");
    this.comboBox1.Items.Add("产品部");
    this.comboBox1.Items.Add("销售部");
    this.comboBox1.Items.Add("生产部");
    //默认的选择是"产品部"
    this.comboBox1.SelectedIndex = 1;
    this.comboBox2.Items.Add("财务部");
    this.comboBox2.Items.Add("产品部");
    this.comboBox2.Items.Add("销售部");
    this.comboBox2.Items.Add("生产部");
    //默认的选择是"产品部"
    this.comboBox2.SelectedIndex = 1;
    listBox1.Items.Add("财务部");
    listBox1.Items.Add("产品部");
    listBox1.Items.Add("销售部");
    listBox1.Items.Add("生产部");
    //默认的选择是"产品部"
    this.listBox1.SelectedIndex = 1;
    //请读者注意学习 comboBox, listBox 控件如何定位值
    this.textBox1.Text = "产品部";
}
```

- 实验步骤（3）：

选择上面的 ComboBox 控件，在其 SelectedIndexChanged 选择变换事件里面填写下面的代码。

ComboBox 控件的 SelectedIndexChanged 事件编码：

```
private void comboBox1_SelectedIndexChanged_1(object sender, EventArgs e)
{
    string mess = comboBox1.SelectedItem.ToString();
    comboBox2.SelectedItem = mess;
    listBox1.SelectedItem = mess;
    textBox1.Text = mess;
}
```

5. 对话框窗口

在用户操作窗体系统时候，经常会遇到与计算机的会话机制，如报错或者某种信息反馈等。从根本上说对话框是继承窗体的并且被模式化的，对话框窗口（Dialog）更多的是从人机交互形式来看的，电脑给出提示所需参数并等待用户输入，使用者输入数据后执行，犹如一问一答的对话双方。Windows 程序中一般用窗体来实现这个人机交互形式，由于是用窗体系统实现 Dialog，为了达到等待用户输入的目的因此引入了系统对话框窗口概念。

对话框窗口机制是一种典型的重载过程，该重载是通过 MessageBox.Show()方法具体体现出来的，关于 Show 方法的重载类型如表 6-6 所示。

表 6-6 MessageBox.Show()方法重载表

重载方法参数	说明
Show(string text);	显示具有指定文本的消息框
Show(string text, string caption);	显示具有指定文本和标题的消息框
Show(string text, string caption, MessageBoxButtons buttons);	显示具有指定文本、标题和按钮的消息框
Show(string text, string caption, MessageBoxButtons buttons, MessageBoxIcon icon);	在指定对象的前面显示具有指定文本、标题、按钮和图标的消息框
Show(string text);	显示具有指定文本的消息框

案例学习：对话框窗体的综合应用

（1）非模式对话框窗体 Show 的使用。MessageBox.show()方法打开的窗体被称为"非模式窗体"，这种对话框窗体仅仅是显示出来系统窗口界面而已，其他显示并运行的窗口仍然可以在后台运行。另一方面，由于 MessageBox.show()方法未进行绑定，它所显示的各个窗口、对话框是可以相互切换，而不需要关闭当前窗口和对话框。因此可以认为，每个由 show 方法打开的窗口的顺序是非固定的，如果遇到什么问题，由 show 方法打开的窗口的顺序可能会有很大的改变。

本次实验目标是在 Form 窗体上建立一系列 Button 控件，通过这些按钮控件的鼠标单击事件呈现不同的对话框样式，最终显示界面如图 6-16 所示。

● 实验步骤（1）：

由图 6-16 所示，从工具箱中拖拽 3 个 Button 控件和一个 Label 标签控件到 Form 窗体上，调整控件基本属性以达到图 6-16 效果。

● 实验步骤（2）：

用鼠标双击 Button 控件，进入.cs 文件编辑状态准备进行开发。代码如下：

"问询提示"按钮鼠标单击事件源代码：
```
private void button1_Click(object sender, EventArgs e)
{
    MessageBox.Show("嘿，这是简单提示！","信息提示");
    //第一个文本是对话框正文信息，第二个文本是窗体左上角信息标志
}
```

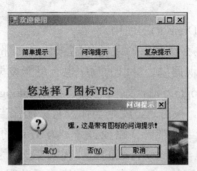

图 6-16　MessageBox.Show()方法重载的不同效果

"简单提示"按钮鼠标单击事件源代码：
```
private void button2_Click(object sender, EventArgs e)
{
    DialogResult result = MessageBox.Show("嘿，这是问询提示！","问询提示",
MessageBoxButtons.YesNo);
    // 1. DialogResult 属性用于获取或设置 MessageBox.Show()方法返回的一个值，该值在
    //单击按钮时返回到父窗体
    // 2. MessageBoxButtons.YesNo 表示提示信息为"是，否"两种按钮
    if (result == DialogResult.Yes)
    {
        label1.Text = "您选择了YES";
    }
    else
    {
        label1.Text = "您选择了NO";
    }
}
```

"复杂提示"按钮鼠标单击事件源代码：
```
private void button3_Click(object sender, EventArgs e)
{
DialogResult result = MessageBox.Show("嘿，这是带有图标的问询提示！", "问询提示",
MessageBoxButtons.YesNoCancel,MessageBoxIcon.Question,
MessageBoxDefaultButton.Button3,MessageBoxOptions.RightAlign);
//1. MessageBoxButtons.YesNoCancel 参数表示按钮为"是、否、取消"3种状态按钮
//2. MessageBoxIcon.Question 参数表示为"问题图标"按钮
//3. MessageBoxDefaultButton.Button3n 参数表示默认"取消"按钮为默认触发按钮
//4. MessageBoxOptions.RightAlign 参数表示对话框提示信息居右对齐
    if (result == DialogResult.Yes)
    {
        label1.Text = "您选择了图标YES";
    }
    else if(result==DialogResult.Cancel)
```

```
        {
            label1.Text = "您选择了图标取消";
        }
        else if (result == DialogResult.No)
        {
            label1.Text = "您选择了图标NO";
        }
}
```

(2) 模式对话窗体 showDialog() 的使用。

面对多窗口的调用时往往不喜欢窗口之间的随意切换,那样还要花费时间寻找需要的窗口。如果业务操作流程一但出现问题,窗口的顺序也有可能被再次打乱,很不顺手。我们可以将 show 方法转化为 showDialog() 方法,顾名思义,showDialog() 是一个进行路径绑定的 show 方法,它是不可以自由切换的,换言之,就是当你没有关闭你当前页的前提下,你是无法关闭该页面后面的任一页面,它是当前唯一(路径打开)为 True 的。

showDialog() 是模式窗体,与 show 方法的主要区别在于以 showDialog() 打开的窗体,要等当前窗体关闭后才能操作其他窗体,而 show() 方法则不受此限制。

建立 showDialog() 的方法比较简单,比如建立两个 Form 窗体,通过第一个 Form 窗体上的 Button 按钮打开另一个窗体。

单击一个窗体的 button 按钮打开另一个窗体源代码:

```
private void button1_Click(object sender, EventArgs e)
{
    Form2 f2 = new Form2();    //首先将另一个窗体Form2实例化为f2
    this.Visible = false;      //将当前窗体设置为不可视;如果不这样处理则系统报错
    f2.ShowDialog();           //打开窗口Form2
    this.Visible = true;
}
```

6.3 多文档界面处理(MDI)

6.3.1 简介

在前面所设计的窗体被称为是单文档窗体(SDI),如图 6-17 所示。但在很多时候应用软件是在多文档窗体环境下进行开发设计的,这种多文档界面就是所谓的 MDI,是从 Windows 2.0 下的 Microsoft Excel 电子表格程序开始引入的,这是因为 Excel 电子表格用户有时需要同时操作多份表格,MDI 正好为这种操作多表格提供了很大的方便,于是就产生了 MDI 程序。在视窗系统 3.1 版本中,MDI 得到了更大范围的应用。其中系统中的程序管理器和文件管理器都是 MDI 程序。

MDI 编程主要是在主窗体中能够新建一个 MDI 窗体,并且能够对主窗体中的所有 MDI 窗体实现层叠、水平平铺和垂直平铺。虽然这些操作比较基本,但却是程序设计中的要点和重点。

6.3.2 多文档界面设置及窗体属性

1. 多文档界面(MDI)属性说明

一般生成的窗体都属于单文档窗体(SDI),只有将单文档窗体的 IsMdiContainer 属性设置成为 True，才可以被设置成为多文档窗体，如图 6-18 所示。

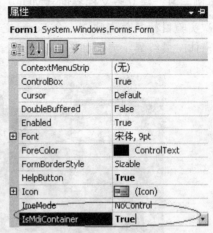

图 6-17　一般的单文档（SDI）界面　　　图 6-18　由单文档（SDI）改成为多文档（MDI）界面

多文档界面的基本属性其实也就是窗体的属性，窗体主要属性、方法和事件如表 6-7 所示。

表 6-7　MessageBox.Show()方法重载

属性	说明
StartPosition	初始窗口位置。一般为了使得窗体启动时候居中对齐，多设置该属性值为 CenterScreen
CancelButton	该属性可以提供自动搜寻当前窗体之中的所有 Button 对象，通过列表由用户确认按下 Esc 键后执行那个 Button 按钮
ControlBox	确定系统是否有图标及最大、最小、关闭按钮。属性值为 True 和 False，当为 False 时则无法看到标题栏图标及最大、最小、关闭按钮
FormBorderStyle	指定边框和标题栏的外观和行为。共有七种效果可供选择，比如选择 FixedToolWindow 时，仅存关闭按钮，没有最大和最小按钮
HelpButton	确定窗体的标题栏上是否有帮助按钮
KeyPreview	确定窗体键盘事件是否已经向窗体注册
MainMenuStrip	确定键盘激活和多文档合并
ShowInTaskbar	确定窗体是否出现在任务栏中
WindowState	确定窗体的初始可视状态。共有 3 种状态，Normal 为正常态，Maximized 为初始最大化，Minimized 为初始最小化
方法	说明
Activate	当窗体被激活时发生
MdiChildActivate	当 MDI 子窗体被激活时发生
事件	说明
Activated	每当窗体被激活时发生
Load	每当用户加载窗体时发生

请读者自行根据属性提示内容，简单尝试窗体属性的性质和效果。

案例学习：建立多文档界面（MDI）

本次实验目标是首先建立一个 Form 主窗体，并在该主窗体中建立菜单，通过菜单打开其余的子窗体。最终显示界面如图 6-19 所示。

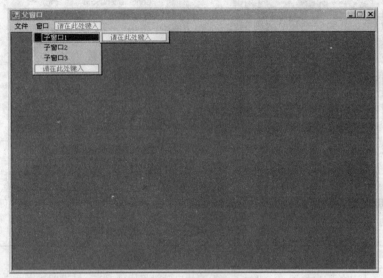

图 6-19 多文档主界面

- 实验步骤（1）：

由图 6-19 所示，首先将当前操作的 Form 窗体属性设置如表 6-8 所示。

属性名称	属性参数设置	说明
text	父窗口	窗体标签名称
StartPosition	CenterScreen	窗体居中
FormBorderStyle	FixedToolWindow	无最大最小按钮
IsMdiContainer	True	设为 MDI 主窗口

- 实验步骤（2）：

为该 MDI 窗体配置 MainMenu 菜单，工具箱默认没有该控件，打开工具箱的所有 Windows 控件部分，用右键单击工具箱界面，在打开的菜单中选择"选择项"，并在展开的系统选择项中寻找 MainMenu 控件，添加后即出现在 Windows 控件部分。具体操作如图 6-20 所示。

- 实验步骤（3）：

打开解决方案资源管理器，新建一个 Windows 窗体，取名为 Form2，该窗体并非 MDI 窗体，即无须指定其 IsMdiContainer 属性为 True。双击图 6-19 中菜单项内的子窗口 1，进入代码编辑区域，填写如下代码：

"子窗口 1"菜单项鼠标单击事件源代码：

```
private void menuItem3_Click(object sender, EventArgs e)
{
    Form2 Mdichild = new Form2();//首先实例化 Form2 对象，命名为 Mdichild
```

```
        Mdichild.MdiParent = this;
        //其次指定即将打开的 Form2 对象的 MdiParent，即 Form2 对象的 MDI 父窗口，为当前的主
        //MDI 窗口
        Mdichild.Show();//显示 Form2 对象的 MDI 父窗口
}
```

图 6-20　为 MDI 窗体添加 MainMenu 菜单控件

此时，打开的 Form2 窗体就只能够在当前窗体下活动，而不会移动出当前窗体的范围。按照此方法，再建立两个窗体，命名为 Form3 和 Form4，并可以通过"子窗口 2"和"子窗口 3"菜单单击打开它们。

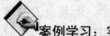案例学习：实现对 MDI 窗体的排列

（1）实现对 MDI 窗体的层叠。

对于在主窗体中实现对 MDI 窗体的层叠操作，在主程序中是通过一个方法 LayoutMdi 来实现的，所带的参数是 MdiLayout.Cascade，在原有的 menuItem3_Click 事件中添加如下代码：

MDI 窗体的层叠源代码：
```
private void menuItem3_Click(object sender, EventArgs e)
{
    ……
    this.LayoutMdi(MdiLayout.Cascade);
}
```

（2）实现对 MDI 窗体的水平平铺。

要在主窗体实现 MDI 窗体水平平铺，也是通过 LayoutMdi 方法，此时所带的参数是 MdiLayout.TileHorizontal，在原有的 menuItem3_Click 事件中将代码修改如下：

MDI 窗体的水平平铺源代码：
```
private void menuItem3_Click(object sender, EventArgs e)
{
    ……
    this.LayoutMdi(MdiLayout.TileHorizontal);
}
```

（3）实现对 MDI 窗体的垂直平铺。

要在主窗体实现 MDI 窗体垂直平铺，也是通过 LayoutMdi 方法，此时所带的参数是 MdiLayout.TileVertical，在原有的 menuItem3_Click 事件中将代码修改如下：

MDI 窗体的垂直平铺源代码：

```
private void menuItem3_Click(object sender, EventArgs e)
{
    ……
    this.LayoutMdi(MdiLayout.TileVertical);
}
```

以上内容实验结果如图 6-21 所示。

图 6-21　MDI 窗体排列子窗体的多种方式

6.3.3　多文档界面的窗体传值技术

1. 简介

一般在一个 Windows 开发项目系统之中，多文档窗体（MDI）只有一个，而其余的窗体为非 MDI 窗体，在设定窗体的父子关系时，需要指定这些非 MDI 窗体的 MDI 父窗体为当前的 MDI 主窗体，打开的子窗体才可以收到父窗体的限制。

我们在窗体系统开发中，都会或多或少地存在着打开的子窗体彼此之间进行数据传接的问题，即多文档界面的窗体传值技术。

案例学习：利用窗体参数定义进行传值

本次实验目标是首先建立一个 MDI 主窗体和两个子窗体，并实现打开某个窗体并录入信息后可以将信息显示在另一个窗体之中，最终显示界面如图 6-22 所示。

- 实验步骤（1）：

在多文档的建立案例的基础之上，通过单击菜单项的"窗体 1"打开图 6-22 的第一个子窗体，该窗体命名为 Form2，请读者自行按照图内各个控件进行属性设计。将 Form2 的 ComboBox1 下拉框填充完毕后，双击窗体界面进入 Form2 窗体的 Load 事件编辑如下代码：

Form2 窗体的初始化源代码：

```
private void Form2_Load(object sender, EventArgs e)
{
    comboBox1.SelectedIndex = 0;
    textBox3.Text = "";
    textBox1.Focus();
}
```

- 实验步骤（2）：

如图 6-22 所示，建立表单窗体 Form3，并按图为该表单建立相应的控件以接收来自 Form2

的数据信息。回到表单窗体 Form2，用鼠标双单击 Button1 发送按钮，开始将用户填写的信息提交给 Form3 窗体，代码如下所示：

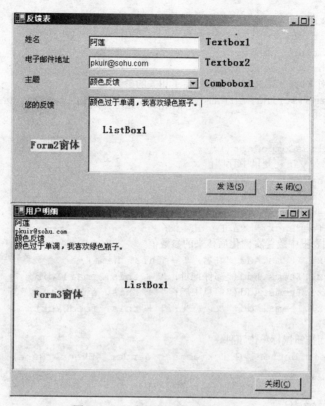

图 6-22　子窗体传递数据信息目标

Form2 窗体 Button1（发送）按钮的鼠标单击事件源代码：

```
public void button1_Click(object sender, EventArgs e)
{
    if (textBox1.Text == "" || textBox2.Text == "")
    {
        MessageBox.Show("姓名，或者邮件信息禁止为空！", "信息提示");
    }
    else
    {
        this.Hide();
        Form3 childForm3 = new Form3(this.textBox1.Text, this.textBox2.Text,
        this.comboBox1.SelectedItem.ToString());
        childForm3.Show();
    }
}
```

在上面代码之中的黑体字部分作用为：在实例化下一个窗体 Form3 时，将 Form3 窗体进行了参数的配置，即希望实例化 Form3 窗体的同时将这三个参数（姓名，邮件，主题）传接过去。因此，必须在 Form3 窗体的.cs 文件之中，对 Form3 窗体进行明确的参数定义。代码如下：

Form3 窗体的定义及方法事件源代码：

```csharp
public partial class Form3 : Form
{
    private string _name;
    private string _emailId;
    private string _subject;
    private string _feedBack;
    //注意：在对 Form3 定义时，明确指定了相关的参数
    public Form3(string varName, string varEmail, string varSubject, string varFeedBack)
    {
        InitializeComponent();
        // 在 private 变量中存储值
        this._name = varName;
        this._emailId = varEmail;
        this._subject = varSubject;
        this._feedBack = varFeedBack;
        // 在列表框中放置实例化后传来的参数值
        listBox1.Items.Add("姓名：" + this._name);
        listBox1.Items.Add("邮件地址：" + this._emailId);
        listBox1.Items.Add("信息主题：" + this._subject);
        listBox1.Items.Add("反馈意见：" + this._feedBack);
    }
    //定义了关闭按钮鼠标单击事件
    private void button1_Click(object sender, EventArgs e)
    {
        MessageBox.Show("感谢您输入的反馈！");
        this.Close();
    }
}
```

案例学习：在子窗体转换的过程中如何确保受到 MDI 主窗口的控制

我们继续改进本节第一个案例学习的内容，并在 Form3 窗体添加一个"返回"按钮，界面如图 6-23 所示。

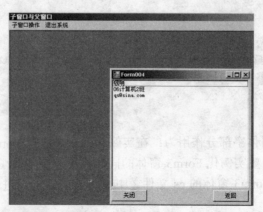

图 6-23　添加"返回"按钮的 Form3 窗体

● 实验步骤（1）：

添加"返回"按钮的代码，如下所示：

Form3 窗体的"返回"按钮鼠标单击事件源代码：

```
private void button1_Click_1(object sender, EventArgs e)
{
    Form2 fm2 = new Form2();
    Fm2.Show();
    this.Close();
}
```

💡 **问题讨论**：我们会发现，返回的窗体 Form2 不再受 MDI 主窗体的控制，跑到 MDI 主窗体之外。同样情况，当窗体 Form2 通过"发送"按钮打开窗体 Form3 时，Form3 也不再受 MDI 主窗体的控制。如何解决所有打开的子窗体都必须受到 MDI 主窗体的控制呢？

更改 Form2 窗体 Button1（发送）按钮的鼠标单击事件源代码：

```
public void button1_Click(object sender, EventArgs e)
{
    if (textBox1.Text == "" || textBox2.Text == "")
    {
        MessageBox.Show("姓名，或者邮件信息禁止为空！", "信息提示");
    }
    else
    {
        this.Hide();
        Form3 childForm3 = new Form3(this.textBox1.Text, this.textBox2.Text,
            this.comboBox1.SelectedItem.ToString());
        //上面为实例化 Form3 窗体，利用窗体参数传输数据
        //原来的代码内容：childForm3.Show();下面是更改后的代码内容
        childForm3.MdiParent = this.MdiParent;
        //使得打开的窗体和当前窗体共同指向同一个父窗体
        childForm3.Show();
    }
}
```

更改 Form3 窗体的"返回"按钮鼠标单击事件源代码：

```
private void button1_Click_1(object sender, EventArgs e)
{
    Form2 fm2 = new Form2();
    Fm2.MdiParent = this.MdiParent; //修改后的代码
    Fm2.Show();
    this.Close();
}
```

案例学习：如何防止重复打开窗口

我们继续改进本节第二个案例学习的内容，在解决了 MDI 父窗口控制子窗口问题后，连续点击菜单"窗体1"，会看见连续的打开了同一个窗口，界面如图 6-24 所示。

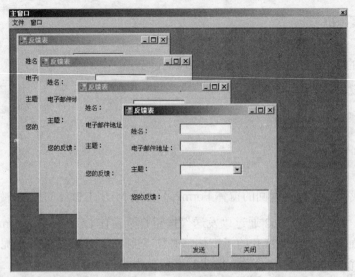

图 6-24　出现同一个窗口连续被打开的情况

💡 **问题讨论**：出现这种情况的主要原因是，在新打开窗口时候并没有判别当前 MDI 主窗口是否有相同的窗体出现。因此，必须在打开一个窗口的同时判断是否有重复窗口的问题。比如，在菜单的"窗体 1"鼠标单击事件的代码中，补充如下内容：

修改子窗体 1 菜单项鼠标单击事件，防止重复打开窗口源代码：

```csharp
private void menuItem3_Click(object sender, EventArgs e)
{
    //直接检测是否已经打开此 MDI 窗体
    //是否已经打开了？（用循环来判断）
    foreach (Form childrenForm in this.MdiChildren)
    {
        //检测是不是当前子窗体名称
        if (childrenForm.Name == "Formcc1")
        {
            //是的话就是把它显示
            childrenForm.Visible = true;
            //并激活该窗体
            childrenForm.Activate();
            return;
        }
    }
    //下面是打开子窗体
    Form2 Mdichild = new Form2();//首先实例化 Form2 对象，命名为 Mdichild
    Mdichild.MdiParent = this;
    //其次指定即将打开的 Form2 对象的 MdiParent，即 Form2 对象的 MDI 父窗口，为当前的主
    //MDI 窗口
    Mdichild.Show();//显示 Form2 对象的 MDI 父窗口
}
```

注意，上面的代码由于每个打开的窗体都可能会用到，因此建议将其集成为方法后统一调用。

案例学习：通过类的属性进行数据传值

此次案例我们改变本节第一个案例数据传值的方法，通过建立类的属性将数据传递过去。

- 实验步骤（1）：

为传值目标窗口 Form3 定义相关属性信息如下：

Form3 目标传值窗体属性定义以及 Load 加载事件源代码：

```
public partial class Form3 : Form
{
    public Form3()
    {
        InitializeComponent();
    }
    //建立私有变量
    private string some_name, email_address, topic, option;
    //属性姓名
    public string SomeName
    {
        get
        {
            return some_name;
        }
        set
        {
            some_name = value;
        }
    }
    //属性电子邮件
    public string Someemail
    {
        get
        {
            return email_address;
        }
        set
        {
            email_address = value;
        }
    }
    //属性主题
    public string Sometopic
    {
        get
        {
            return topic;
        }
        set
        {
            topic = value;
        }
    }
    //属性意见
    public string Someoption
```

```
        {
            get
            {
                return option;
            }
            set
            {
                option = value;
            }
        }
        private void Form3_Load(object sender, EventArgs e)
        {
            listBox1.Items.Add(SomeName);
            listBox1.Items.Add(Someemail);
            listBox1.Items.Add(Sometopic);
            listBox1.Items.Add(Someoption);
        }
}
```

- 实验步骤（2）：

修改录入数据窗口 Form2 的 button1_Click 事件：

修改后 Form2 的 button1_Click 事件源代码：

```
private void button1_Click(object sender, EventArgs e)
{
    if (textBox1.Text == "" || textBox2.Text == "")
    {
        MessageBox.Show("姓名，或者邮件信息禁止为空！", "信息提示");
    }
    else
    {
        this.Hide();
        Formcc2 childForm2 = new Formcc2();
        childForm2.SomeName = textBox1.Text;
        childForm2.Someemail = textBox2.Text;
        childForm2.Sometopic = comboBox1.SelectedItem.ToString();
        childForm2.Someoption = richTextBox1.Text;
        //原来的代码内容：childForm3.Show();下面是更改后的代码内容
        childForm2.MdiParent = this.MdiParent;
        childForm2.Show();
    }
}
```

6.4 菜单和菜单组件

6.4.1 简介

菜单是软件界面设计的一个重要组成方面。它描述着一个软件的大致功能和风格。所以在程序设计中处理好、设计好菜单，对于一个软件开发是否成功有着比较重要的意义。菜单的本质就是提供将命令分组的一致方法，使用户易于访问，通过支持使用访问键启用键盘快捷方式，达到快速操纵软件系统的目的。

菜单从分类来说，可以分为菜单栏、主菜单和子菜单三个概念，如图 6-25 所示：

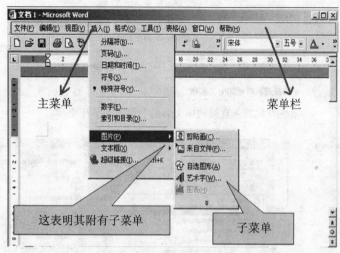

图 6-25　菜单栏、主菜单与子菜单

6.4.2　菜单的实践操作

案例学习：建立简单的菜单

（1）建立 WinForm 窗体并从工具箱的菜单或工具栏中拖放一个 MenuStrip 控件到窗体上。如图 6-26 所示。

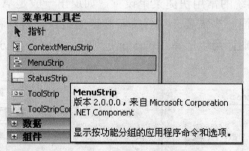

图 6-26　拖放一个 MenuStrip 控件到窗体上

（2）可以直接单击 MenuStrip 控件填写主菜单及子菜单名称，但是需要注意菜单命名时避免直接录入汉字的问题。因为如果直接输入汉字命名菜单，则该菜单项的 Name 属性将出现汉字，不利于 C#的编程，如图 6-27 所示。

虽然上述设计不会出现代码错误，但是建议采用单击 MenuStrip 控件，选择该控件的 Items 属性，在展开的项目集合编辑器中直接设置的办法，如图 6-28 为打开 Items 属性后的项目集合编辑器。

（3）如果命名时在 Text 属性处输入"文件（&F）"，将会产生"文件（F）"的效果，& 将被认为是快捷键的字符，运行时按 Alt+F 组合键执行。同理，子菜单在命名时与此相同，如图 6-28 中的 Text 属性所示。

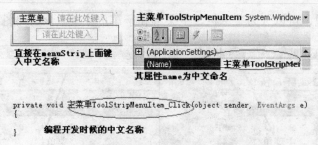

图 6-27 直接的中文命名不利于程序开发

图 6-28 打开 items 属性后的项目集合编辑器

（4）设置每个菜单项的 ShortCutKeys 属性。每个菜单项都有一个 ShortCutKeys 的属性，该项属性为用户自定义的快捷菜单组合键设置项。如图 6-29 所示，但注意在进行设置时一方面要根据 Windows 操作系统的常用快捷菜单设置，如退出一般是 Alt+E 组合键，打开一般是 Ctrl+O 组合键等，另一方面至少需要一项修饰符和键的组合，否则将出错。

（5）在需要进行分割时，可以选择 Separator 选项进行功能性的分割，如图 6-30 所示。

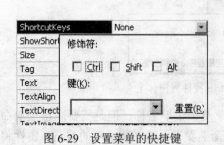
图 6-29 设置菜单的快捷键

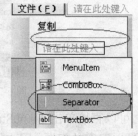
图 6-30 为菜单设置分割条

（6）最后形成菜单效果如图 6-31 所示。

图 6-31 菜单最后效果

6.5 窗体界面的美化

在我们进行 WinForm 设计时，用户界面的美观度和最后的用户感受是一款软件非常重要的内容。我们通过 Visual Studio 2008 设计的 WinForm 窗体系统界面都是普通窗体界面，谈不到美观之说，大多数美化 WinForm 窗体的工作不是通过 Visual Studio 2008 设计的，而是通过第三方皮肤文件完成的。

从附件资料中可以找到有第三方动态链接库文件 DotNetSkin.dll 或者 IrisSkin2.dll，这两个文件是第三方开发设计的 WinForm 界面美化的主要文件。从本质上说，两个 dll 文件控件最后的作用都是一样的，不同的是 DotNetSkin.dll 用的皮肤文件是*.skn，而 IrisSkin2.dll 文件用的皮肤文件是*.ssk。

案例学习：加载皮肤动态链接库文件并实现界面美化

（1）从附件资料中确认有第三方动态链接库文件 DotNetSkin.dll 或者 IrisSkin2.dll，这两个文件是第三方开发设计的 WinForm 界面美化的主要文件，如图 6-32 所示。

（2）打开 Visual Studio 2008，展开工具箱，右击界面选择"添加选项卡"，新建"皮肤"选项卡。如图 6-33 所示。

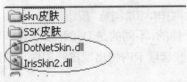

图 6-32　皮肤动态链接库文件 DotNetSkin.dll 和 IrisSkin2.dll

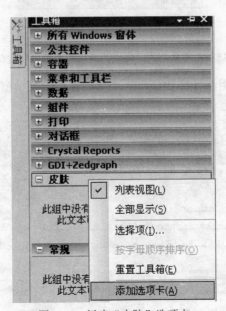

图 6-33　新建"皮肤"选项卡

（3）在工具箱的新建"皮肤"选项卡里右击，选择"选择项"，将弹出"选择工具箱项"对话框，如图6-34所示。

图6-34 "选择工具箱项"对话框

（4）在"选择工具箱项"对话框中单击"浏览"按钮，导入第三方动态链接库文件DotNetSkin.dll或者IrisSkin2.dll，两个.dll都是一样的，不同的是DotNetSkin.dll用的皮肤文件是*.skn，IrisSkin2.dll文件用的*.ssk。则在工具箱的皮肤选项卡内将出现皮肤控件，如图6-35所示。

图6-35 在工具箱的"皮肤"选项卡内将出现皮肤控件

（5）皮肤文件的基本用法是拖拽任何一个皮肤控件到某个窗体上面，进行如下的编码：

```
namespace WindowsApplication1
{
    public partial class Form1 : Form
    {
        public Form1()
        {
            InitializeComponent();
            stringpath=Environment.CurrentDirectory+"\\skn皮肤\\LE4-DEFAULT.skn";
            this.skinUI1.SkinFile = path;
        }
    }
}
```

（6）皮肤文件的基本效果如图6-36所示。

第 6 章　Windows 编程基础

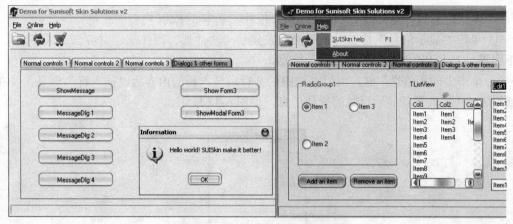

图 6-36　皮肤文件的基本效果

6.6　本章小结

- WinForm 可用于 Windows 窗体应用程序开发。
- Windows 窗体控件是从 System.Windows.Forms.Control 类派生的类。
- 标签控件用于显示用户不能编辑的文本或图像。
- 按钮控件提供用户与应用程序交互的最简便方法。
- 组合框控件是列表框控件和文本框控件的组合，用户可以键入文本，也可以从所提供的列表中选择项目。
- 窗体提供了收集、显示和传送信息的界面，是 GUI 的重要元素。
- 消息框显示消息，用于与用户交互。
- MDI 窗口的构成，父窗口与子窗口的数据传接技术。

课后练习

1．快速建立如图 6-37 所示的用户登录窗体，通过本练习掌握 WinForm 中的常用控件，包括：标签控件、文本框（密码）框控件。基本功能要求：禁止输入空信息，否则弹出对话框禁止；只有用户名称和密码都是 admin 时候，弹出正确对话框；否则弹出对话框，表示错误信息。

图 6-37　用户登录窗体界面

2．本次练习目标是熟悉并掌握 ListBox 控件。基本要求为：

① 单击"显示信息"按钮时，下拉列表显示"软件部、硬件部、财务部、人事部"，并在下面通过 Label 控件显示行数的统计信息。

② 单击"插入信息"时，可以在选中的某行后插入新的内容为"插入行"信息，并在下面通过 Label 控件重新显示行数的统计信息，如图 6-38 所示。

图 6-38　使用列表框实验目标界面

3．新建一个窗体，命名为 frmContainer 窗体，并在其中添加一个 menuStrip 菜单控件，如图 6-39 所示。其中文件的新建属性配置如图 6-40 所示。

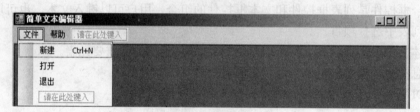

图 6-39　主界面菜单设置

ShortcutKeys	Ctrl+N
ShowShortcutKeys	True
⊞ Size	152, 22
Tag	
Text	**新建**

图 6-40　新建属性配置

设置另一个窗体，命名为 frmEditor 窗体，分别从工具箱中拖拽菜单和工具条控件，构造出如图 6-41 所示样子。当单击图 6-39 菜单的"文件"→"打开"命令时，打开 frmEditor 窗体。

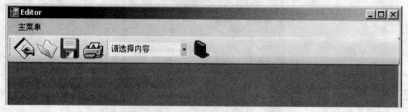

图 6-41　frmEditor 窗体界面

第 7 章 Web 应用程序开发

本章内容

本章重点介绍 ASP.NET 的特点及服务器控件的属性和使用。通过简单实例，让致力于学习该语言的读者开始认识 ASP.NET 及其编程环境，为进一步进行基于 Web 模式的编程打下良好的基础。

本章的学习目标

- 了解 ASP.NET 的特点
- 了解服务器控件及其语法
- 掌握各种标准服务器控件的属性
- 熟悉各种标准服务器控件的使用

7.1 ASP.NET 简介

ASP.NET 之前出现的动态语言产品是 ASP，ASP 的出现给 Web 的开发带来了一次革新，由于 ASP 能够将代码直接嵌入 HTML，使设计 Web 页面变得非常简单、更强大，并且通过内置的组件能够实现强大的功能，最明显的就是 ActiveX Data Objects（ADO）使建立一个动态页面非常简单。

ASP.NET 并不是 ASP 的简单升级，而是 Microsoft 推出的新一代 Active Server Pages。ASP.NET 是微软发展的新体系结构.NET 的一部分，其中全新的技术架构会让编程变得更加简单。本节将介绍 ASP.NET 应用程序开发中用到的控件以及其他知识。

编辑 ASP.NET 程序之前，先看一下 ASP.NET 的程序设计环境。如图 7-1 至图 7-3 所示。

ASP.NET 程序结构。ASP.NET 的应用程序通常是由一个或多个 ASP.NET 页或者 Web 窗体代码文件以及配置文件构成。Web 窗体容纳在一个.aspx 文件中，它实际上是一个 HTML 文件，其中包含一些.NET 的特殊标记。

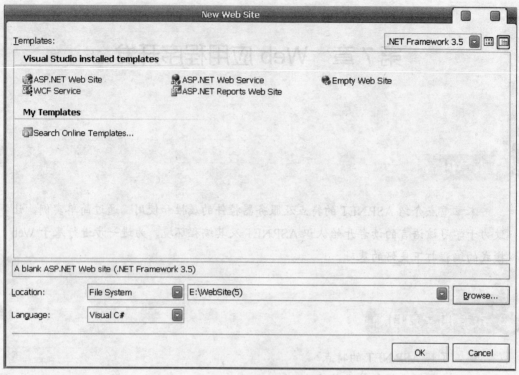

图 7-1 建立 ASP.NET 应用程序窗口

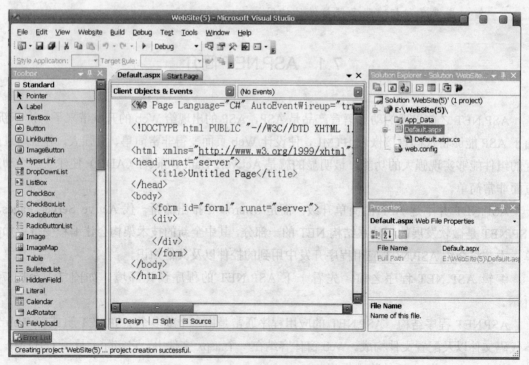

图 7-2 ASP.NET 应用程序的源代码窗口

第 7 章 Web 应用程序开发

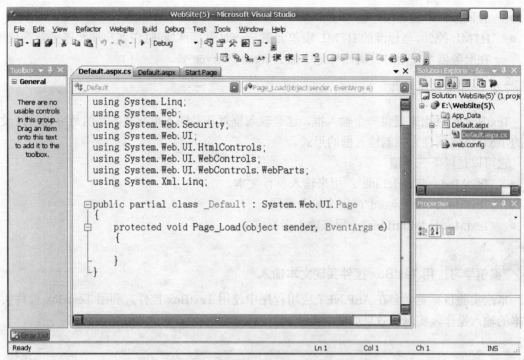

图 7-3 ASP.NET 应用程序的编程窗口

ASP.NET 中的文件类型，如表 7-1 所示。

表 7-1 ASP.NET 中的文件类型表

文件扩展名	用途及说明
Global.asax	ASP.NET 系统环境设置文件，相当于 ASP 中的 Global.asa
.aspx	内含 ASP 程序代码的文件，如同过去的.asp，浏览器可执行此类文件，向服务器提出浏览请求
.asmx	制作 Web Service 的原始文件
.sdl	制作 Web Service 的 XML 格式的文件
Vb 或.cs	在非 ASP.NET 环境下，执行 Web Service 的文件
.aspc	可重复使用在多个.aspx 的文件，此文件内可含有控件
.ascx	内含 User Control 的文件，可含在多个.aspx 文件中

7.2 使用 ASP.NET 控件

常用控件的分类
- 标准控件，服务器端控件
  页代码形式<asp:>…</asp>
- 导航控件，Menu，SiteMap，TreeView
- 数据控件，数据访问控件

- 验证控件，验证用户输入
- HTML 控件，与标准的 HTML 表单元素一一对应，可以同时在客户端和服务器端使用，在服务器端使用时其属性标记中加上 runat="server"

7.2.1 TextBox 控件

TextBox 控件用来提供一个输入框，这个输入框默认是输入单行文本，但是可以通过设置它的 TextMode 属性来控制输入框的形式。

它可以是以下三个值：
- TextMode="SingleLine"：用来输入单行文本。
- TextMode="Password"：用来输入密码。
- TextMode="MultiLine"：用来输入多行文本。

案例学习：用 TextBox 控件实现文本输入

本次实验目标是学会在 ASP.NET 应用程序中使用 TextBox 控件，利用 TextBox 控件实现文本的输入操作，实现的效果如图 7-4 所示。

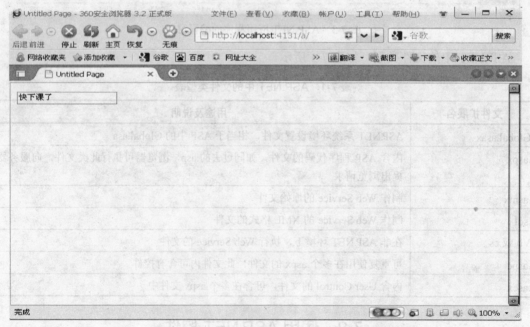

图 7-4 用 TextBox 空间实现文本输入的 ASP.NET 应用程序

- 实验步骤（1）：

在 Visual Studio 2008 编程环境下，选择"文件"→"新建网站"选项。在对话框中选择"ASP.NET Web Site"，位置选择"文件系统"并在右边输入项目的路径，语言选择"Visual C#"。单击"确定"按钮建立一个网站。网站有两个默认的文件"Default.aspx"和"Default.aspx.cs"。

- 实验步骤（2）：

选择 Default.aspx，并在中间编辑区选择"源"。编写代码如下：

```
<%@ Page Language="C#" AutoEventWireup="true" CodeFile="Default.aspx.cs"
Inherits="_Default" %>
<!DOCTYPE html PUBLIC "-//W3C//DTD XHTML 1.0 Transitional//EN""http://www.w3.org/
TR/xhtml1/DTD/xhtml1-transitional.dtd">
<html xmlns="http://www.w3.org/1999/xhtml">
<head id="Head1" runat="server">
    <title>Untitled Page</title>
</head>
<body>
    <form id="form1" runat="server">
<div>
<asp:TextBox ID="TextBox1" runat="server"></asp:TextBox>
    </div>
    </form>
</body>
</html>
```

- 实验步骤（3）：

选择 Default.aspx.cs，编写代码如下：

```
using System;
using System.Collections;
using System.Configuration;
using System.Data;
using System.Linq;
using System.Web;
using System.Web.Security;
using System.Web.UI;
using System.Web.UI.HtmlControls;
using System.Web.UI.WebControls;
using System.Web.UI.WebControls.WebParts;
using System.Xml.Linq;

public partial class _Default : System.Web.UI.Page
{
    protected void Page_Load(object sender, EventArgs e)
    {
        TextBox1.Text = "快下课了";
    }
}
```

- 实验步骤（4）：

选择 Default.aspx，右击编辑区，选择"在浏览器中查看"，得到图 7-4。

7.2.2 Button 控件

Button 控件用于显示按钮。按钮可以是提交按钮或命令按钮。默认地，该控件是"提交"按钮。"提交"按钮没有命令名称，在它被单击时它会把网页传回服务器。可以编写事件句柄来控制"提交"按钮被单击时执行的动作。命令按钮拥有命令名称，且允许你在页面上创建多个按钮控件。可以编写事件句柄来控制命令按钮被单击时执行的动作。

Button 控件属性：

（1）CausesValidation：规定当 Button 被单击时是否验证页面。

（2）CommandArgument：有关要执行的命令的附加信息。

（3）CommandName：与 Command 相关的命令。

（4）OnClientClick：当按钮被单击时被执行的函数的名称。

（5）PostBackUrl：当 Button 控件被单击时从当前页面传送数据的目标页面 URL。

（6）runat：规定该控件是服务器控件，必须设置为 server。

（7）Text：按钮上的文本。

（8）UseSubmitBehavior：一个值，该值指示 Button 控件使用浏览器的提交机制，还是使用 ASP.NET 的 postback 机制。

（9）ValidationGroup：当 Button 控件回传服务器时，该 Button 所属的哪个控件组引发了验证。

案例学习：用 Button 控件实现按钮

本次实验目标是学会在 ASP.NET 应用程序中使用 Button 控件，利用 Button 控件实现按钮的操作，实现的效果如图 7-5 所示。

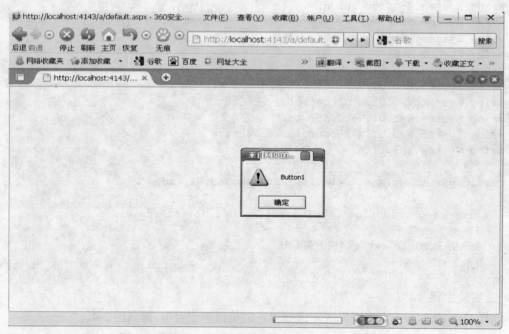

图 7-5　用 Button 控件实现按钮的 ASP.NET 应用程序

● 实验步骤（1）：

在 Visual Studio 2008 编程环境下，选择"文件"→"新建网站"选项。在对话框中选择"ASP.NET Web Site"，位置选择"文件系统"并在右边输入项目的路径，语言选择"Visual C#"。单击"确定"按钮建立一个网站。网站有两个默认的文件"Default.aspx"和"Default.aspx.cs"。

● 实验步骤（2）：

选择 Default.aspx，并在中间编辑区选择"源"。编写代码如下：

```
<%@ Page Language="C#" AutoEventWireup="true" CodeFile="Default.aspx.cs"
Inherits="_Default" %>
<!DOCTYPE html PUBLIC "-//W3C//DTD XHTML 1.0 Transitional//EN" "http://
www.w3.org/TR/xhtml1/DTD/xhtml1-transitional.dtd">
<html xmlns="http://www.w3.org/1999/xhtml">
<head id="Head1" runat="server">
    <title>Untitled Page</title>
</head>
<body>
    <form id="form1" runat="server">
    <div>
        <asp:Button ID="Button1" runat="server" onclick="Button1_Click"
        Text="Button" />
    </div>
    </form>
</body>
</html>
```

- 实验步骤（3）：

选择 Default.aspx.cs，编写代码如下：

```
using System;
using System.Configuration;
using System.Data;
using System.Linq;
using System.Web;
using System.Web.Security;
using System.Web.UI;
using System.Web.UI.HtmlControls;
using System.Web.UI.WebControls;
using System.Web.UI.WebControls.WebParts;
using System.Xml.Linq;

public partial class _Default : System.Web.UI.Page
{
    protected void click事件(object sender, EventArgs e)
    {
        //按钮的click事件
        Button bt = (Button)sender;
        Response.Write("<script>alert('" + bt.ID + "')</script>");
    }
}
```

- 实验步骤（4）：

选择 Default.aspx，右击编辑区，选择"在浏览器中查看"，得到图 7-5。

7.2.3 HyperLink 控件

功能：是一个超链接控件，使用它可以在网页中设置一个超链接。在程序中，通过修改其相关属性，可以实现动态地更改链接文本或目标网址。

HyperLink 控件属性：

（1）text 属性：用于获取或设置按钮上所显示的文本。

（2）ImageUrl 属性：用于指定一个图像文件，图像文件使 Hyperlink 控件的外观显示为一张图。如果同时设置 text 属性和 ImageUrl 属性，则 ImageUrl 属性优先；如果图片不可用，则显示 text 属性中的文本。

（3）NavigateUrl 属性：用于指定单击 HyperLink 控件时要链接到的目标地址。该地址可以是完整的 URL 地址，也可以是相对地址。

（4）Target 属性：如果网页中设置了框架页，可通过该属性来指定目标页显示的位置，将 Web 页内容加载到指定的窗口或框架中。常用的设置值及意义如下：

1）_Blank：将新网页的内容加载到一个新的不带框架的窗口中。

2）_Self：将新页的内容加载到当前的窗口或框架中。

3）_Parent：将新页的内容加载到父框架中。

案例学习：用 HyperLink 控件实现超链接

本次实验目标是学会在 ASP.NET 应用程序中使用 HyperLink 控件，利用 HyperLink 控件实现超链接的操作，实现的效果如图 7-6 和图 7-7 所示。

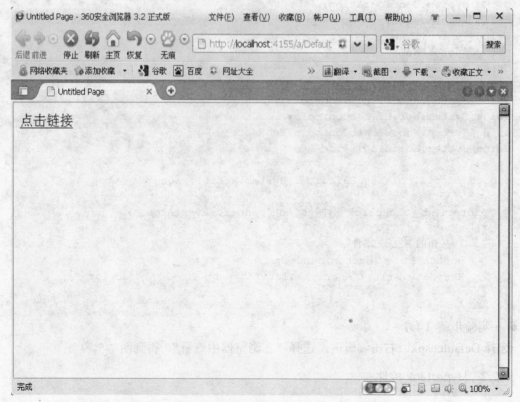

图 7-6 用 HyperLink 控件实现超链接的 ASP.NET 应用程序（一）

- 实验步骤（1）：

在 Visual Studio 2008 编程环境下，选择"文件"→"新建网站"选项。在对话框中选择

"ASP.NET Web Site",位置选择"文件系统"并在右边输入项目的路径,语言选择"Visual C#"。单击"确定"按钮建立一个网站。网站有两个默认的文件"Default.aspx"和"Default.aspx.cs"。

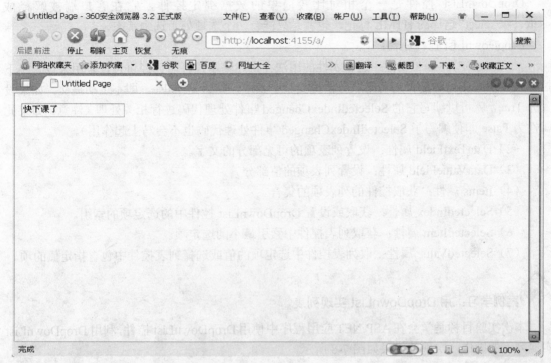

图 7-7 用 HyperLink 控件实现超链接的 ASP.NET 应用程序(二)

- 实验步骤(2):

选择 Default.aspx,并在中间编辑区选择"源"。编写代码如下:

```
<%@ Page Language="C#" AutoEventWireup="true" CodeFile="Default2.aspx.cs"
Inherits="Default2"%>
<!DOCTYPE html PUBLIC "-//W3C//DTD XHTML 1.0 Transitional//EN" "http://
www.w3.org/TR/xhtml1/DTD/xhtml1-transitional.dtd">
<html xmlns="http://www.w3.org/1999/xhtml">
<head id="Head1" runat="server">
    <title>Untitled Page</title>
</head>
<body>
    <form id="form1" runat="server">
    <div>
        <asp:HyperLink ID="HyperLink1" Target="_parent" runat="server"
            NavigateUrl="~/Default.aspx">点击</asp:HyperLink>
    </div>
    </form>
</body>
</html>
```

- 实验步骤(3):

选择 Default.aspx,右击编辑区,选择"在浏览器中查看",得到图 7-6 和图 7-7。

7.2.4 DropDownList 控件

DropDownList 控件是一个相对比较简单的数据绑定控件，它在客户端被解释成 <select></select> 这样的 HTML 标记，也就是只能有一个选项处于选中状态。

DropDownList 控件属性：

（1）AutoPostBack 属性：这个属性的用法在讲述基本控件时已经讲过，是用来设置当下拉列表项发生变化时是否主动向服务器提交整个表单，默认是 False，即不主动提交。如果设置为 True，就可以编写它的 SelectedIndexChanged 事件处理代码进行相关处理（注意：如果此属性为 False 即使编写了 SelectedIndexChanged 事件处理代码也不会马上起作用）。

（2）DataTextField 属性：设置列表项的可见部分的文字。

（3）DataValueField 属性：设置列表项的值部分。

（4）Items 属性：获取控件的列表项的集合。

（5）SelectedIndex 属性：获取或设置 DropDownList 控件中的选定项的索引。

（6）SelectedItem 属性：获取列表控件中索引最小的选定项。

（7）SelectedValue 属性：取列表控件中选定项的值或选择列表控件中包含指定值的项。

案例学习：用 DropDownList 实现列表

本次实验目标是学会在 ASP.NET 应用程序中使用 DropDownList 控件，利用 DropDownList 实现列表的操作，实现的效果如图 7-8 所示。

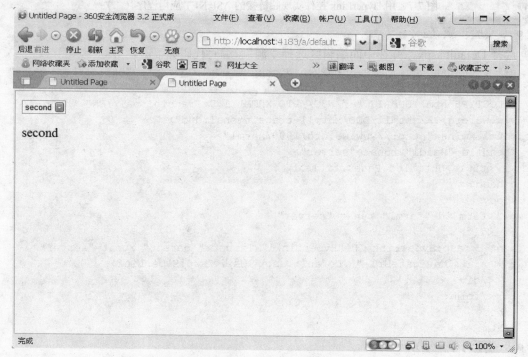

图 7-8 用 DropDownList 实现列表的 ASP.NET 应用程序

- 实验步骤（1）：

在 Visual Studio 2008 编程环境下，选择"文件"→"新建网站"选项。在对话框中选择"ASP.NET Web Site"，位置选择"文件系统"并在右边输入项目的路径，语言选择"Visual C#"。单击"确定"按钮建立一个网站。网站有两个默认的文件"Default.aspx"和"Default.aspx.cs"。

- 实验步骤（2）：

选择 Default.aspx，并在中间编辑区选择"源"。编写代码如下：

```
<%@ Page Language="C#" AutoEventWireup="true" CodeFile="Button.aspx.cs"
Inherits="_Default" %>
<!DOCTYPE html PUBLIC "-//W3C//DTD XHTML 1.0 Transitional//EN" "http://www.w3.org/TR/xhtml1/DTD/xhtml1-transitional.dtd">
<html xmlns="http://www.w3.org/1999/xhtml">
<head id="Head1" runat="server">
    <title>Untitled Page</title>
</head>
<body>
    <form id="form1" runat="server">
    <div>
 <asp:DropDownList ID="DropDownList1" runat="server" AutoPostBack="True"
 onselectedindexchanged= "DropDownList1_SelectedIndexChanged">
         <asp:ListItem>first</asp:ListItem>
         <asp:ListItem>second</asp:ListItem>
     </asp:DropDownList> </div>
    </form>
</body>
</html>
```

- 实验步骤（3）：

选择 Default.aspx.cs，编写代码如下：

```
using System;
using System.Configuration;
using System.Data;
using System.Linq;
using System.Web;
using System.Web.Security;
using System.Web.UI;
using System.Web.UI.HtmlControls;
using System.Web.UI.WebControls;
using System.Web.UI.WebControls.WebParts;
using System.Xml.Linq;

public partial class _Default : System.Web.UI.Page
{
    protected void Page_Load(object sender, EventArgs e)
    {
        //dropdownlist 的用法
        ListItem[] list = new ListItem[2];
        list[0] = new ListItem("third");
        list[1] = new ListItem("forth");
        DropDownList1.Items.AddRange(list);
```

```
            DropDownList1.Items.RemoveAt(3);
        }
        protected void DropDownList1_SelectedIndexChanged(object sender, EventArgs e)
        {
            //DropDownList的选择事件,同时要修改autopostback的值为True,此事件才有效,
            //但是不建议修改,因为这样增加了服务器的压力
            Label5.Text = DropDownList1.SelectedValue.ToString();
        }
}
```

- 实验步骤（4）：

选择 Default.aspx，右击编辑区，选择"在浏览器中查看"，得到图 7-8。

7.2.5 ListBox 控件

ListBox 控件和 DropDownList 控件非常类似，ListBox 控件是提供一组选项供用户选择的，只不过 DropDownList 控件只能有一个选项处于选中状态，并且每次只能显示一行（一个选项），而 ListBox 控件可以设置为允许多选，并且还可以设置为显示多行。

ListBox 控件属性：

除了与 DropDownList 具有很多相似的属性之外，ListBox 控件还有以下属性：

（1）Rows 属性：设置 ListBox 控件显示的行数。

（2）SelectionMode 属性：设置 ListBox 的选择模式，这是一个枚举值，它有 Multiple 和 Single 两个值，分别代表多选和单选，默认是 Single，即同时只能有一个选项处于选中状态。如果要想实现多选，除了设置 SelectionMode 属性为 Multiple 外，在选择时需要按住 Ctrl 键。

（3）需要说明的是，因为 ListBox 允许多选，所以如果 ListBox 的 SelectionMode 属性为 Multiple，那么 SelectedIndex 属性指的是被选中的选项中索引最小的那一个，SelectedValue 属性指的是被选中的选项集合中索引最小的那一个的值。

案例学习：用 ListBox 实现列表

本次实验目标是学会在 ASP.NET 应用程序中使用 ListBox 控件，利用 ListBox 实现列表的操作，实现的效果如图 7-9 和图 7-10 所示。

- 实验步骤（1）：

在 Visual Studio 2008 编程环境下，选择"文件"→"新建网站"选项。在对话框中选择"ASP.NET Web Site"，位置选择"文件系统"并在右边输入项目的路径，语言选择"Visual C#"。单击"确定"按钮建立一个网站。网站有两个默认的文件"Default.aspx"和"Default.aspx.cs"。

- 实验步骤（2）：

选择 Default.aspx，并在中间编辑区选择"源"。编写代码如下：

```
<%@ Page Language="C#" AutoEventWireup="true" CodeFile="listbox.aspx.cs"
Inherits="listbox" %>
<!DOCTYPE html PUBLIC "-//W3C//DTD XHTML 1.0 Transitional//EN"
"http://www.w3.org/TR/xhtml1/DTD/xhtml1-transitional.dtd">
<html xmlns="http://www.w3.org/1999/xhtml">
```

```
<head id="Head1" runat="server">
    <title>Untitled Page</title>
</head>
<body>
    <form id="form1" runat="server">
    <div>
        <asp:ListBox ID="ListBox1" runat="server"onselectedindexchanged=
        "ListBox1_SelectedIndexChanged" AutoPostBack="true">
            <asp:ListItem Value="第一位">第一位</asp:ListItem>
            <asp:ListItem Value="第二位">第二位</asp:ListItem>
            <asp:ListItem Value="第三位">第三位</asp:ListItem>
            <asp:ListItem Value="第四位">第四位</asp:ListItem>
        </asp:ListBox>
        <br/>
        <br/>
        <asp:Label ID="Label1" runat="server" Text="Label"></asp:Label>
    </div>
    </form>
</body>
</html>
```

图 7-9　用 ListBox 实现列表的 ASP.NET 应用程序

Visual C# 2008 程序设计案例教程

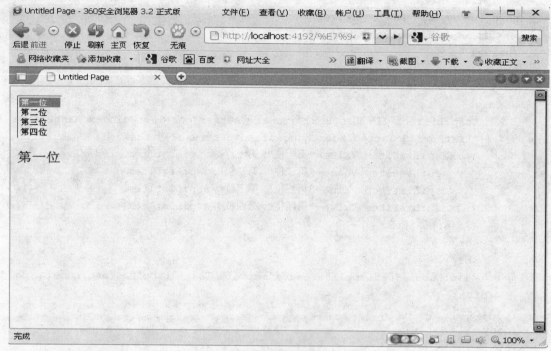

图 7-10　程序运行

- 实验步骤（3）：

  选择 Default.aspx.cs，编写代码如下：

```
using System;
using System.Collections;
using System.Configuration;
using System.Data;
using System.Linq;
using System.Web;
using System.Web.Security;
using System.Web.UI;
using System.Web.UI.HtmlControls;
using System.Web.UI.WebControls;
using System.Web.UI.WebControls.WebParts;
using System.Xml.Linq;

public partial class listbox : System.Web.UI.Page
{
    protected void Page_Load(object sender, EventArgs e)
    {

    }
    protected void ListBox1_SelectedIndexChanged(object sender, EventArgs e)
    {
        string message = "";
        foreach (ListItem item in ListBox1.Items)
        {
            if (item.Selected)
```

```
            {
                message += item.Text;
            }
        }
        Label1.Text = message;
    }
}
```

- 实验步骤（4）：

选择 Default.aspx，右击编辑区，选择"在浏览器中查看"，得到图 7-9 和图 7-10。

7.2.6　Menu 控件

Menu 控件具有两种显示模式：静态模式和动态模式。静态显示意味着 Menu 控件始终是完全展开的。整个结构都是可视的，用户可以单击任何部位。在动态显示的菜单中，只有指定的部分是静态的，而只有用户将鼠标指针放置在父节点上时才会显示其子菜单项。

Menu 控件静态显示。使用 Menu 控件的 StaticDisplayLevels 属性可控制静态显示行为。StaticDisplayLevels 属性指示从根菜单算起，静态显示的菜单的层数。例如，如果将 StaticDisplayLevels 设置为 3，菜单将以静态显示的方式展开其前三层。静态显示的最小层数为 1，如果将该值设置为 0 或负数，该控件将会引发异常。

Menu 控件动态显示。MaximumDynamicDisplayLevels 属性指定在静态显示层后应显示的动态显示菜单节点层数。例如，如果菜单有 3 个静态层和 2 个动态层，则菜单的前三层静态显示，后两层动态显示。

如果将 MaximumDynamicDisplayLevels 设置为 0，则不会动态显示任何菜单节点。如果将 MaximumDynamicDisplayLevels 设置为负数，则会引发异常。

定义菜单内容。可以通过两种方式来定义 Menu 控件的内容：添加单个 MenuItem 对象（以声明方式或编程方式）；用数据绑定的方法将该控件绑定到 XML 数据源。

手动添加菜单项，可以通过在 Items 属性中指定菜单项的方式向控件添加单个菜单项。Items 属性是 MenuItem 对象的集合。下面的示例演示 Menu 控件的声明性标记，该控件有三个菜单项，每个菜单项有两个子项：

```
<asp:Menu ID="Menu1" runat="server" StaticDisplayLevels="3">
 <Items>
<asp:MenuItem Text="File" Value="File"> <asp:MenuItem Text="New" Value="New">
</asp:MenuItem>
<asp:MenuItem Text="Open" Value="Open"> </asp:MenuItem>
</asp:MenuItem>
<asp:MenuItem Text="Edit" Value="Edit"> <asp:MenuItem Text="Copy" Value=
"Copy">
</asp:MenuItem>
<asp:MenuItem Text="Paste" Value="Paste">
</asp:MenuItem>
</asp:MenuItem>
<asp:MenuItem Text="View" Value="View"> <asp:MenuItem Text="Normal" Value=
"Normal">
</asp:MenuItem>
 <asp:MenuItem Text="Preview" Value="Preview">
```

```
        </asp:MenuItem>
        </asp:MenuItem>
    </Items>
</asp:Menu>
```

用数据绑定的方法将控件绑定到 XML 数据源,利用这种将控件绑定到 XML 文件的方法,可以通过编辑此文件来控制菜单的内容,而不需要使用设计器。这样就可以在不重新访问 Menu 控件或编辑任何代码的情况下,更新站点的导航内容。如果站点内容有变化,便可使用 XML 文件来组织内容,再提供给 Menu 控件,以确保网站用户可以访问这些内容。

7.3 本章小结

- ASP.NET 是 C#应用程序的另一个重要方面,其提供了一个统一的 Web 开发模型,同时也是一种新的编程模型和结构。该类程序可生成伸缩性和稳定性更好的应用程序,并提供了更好的环境保护。
- 本章从 Web 基础知识入手,介绍了 ASP.NET 的基本控件。有了这些基本的知识,读者就可以应用 ASP.NET 技术编写部分实用的网站应用程序。

课后习题

一、编程题

1. 在 Web 窗体上添加 Label 和 TextBox 控件各一个。要求:
（1）改变 TextBox 控件文本时,Label 控件的文本要改变。
（2）Label 控件的背景色是红色。
（3）TextBox 的前景颜色是绿色。

2. 使用 ListBox 控件,手动添加 4 个地名,当选中 ListBox 里的选项,其地名在 Label 显示出来。

二、选择题

Web 表单中,按钮的默认事件是（　　）。
　　A．Click 事件　　　B．Load 事件　　　C．Init 事件　　　　D．Command 事件

三、填空题

1. Menu 具有两种显示模式:_____、_____。
2. TextBox 控件的_____是用来控制输入框的形式,它可以有三个值_____、_____、_____。
3. SelectedIndex 属性是获取或设置列表控件中选定的_____。

第 8 章 文件处理技术

本章内容

本章重点介绍 Windows 应用程序对文件读写所涉及的 System.IO 命名空间和 File、FileInfo、FileStream、BinaryReader、BinaryWriter、BufferedStream 等类，以及常用的方法、参数、属性、事件、枚举等。

本章的学习目标

- 了解 System.IO 命名空间
- 掌握读写文本文件的方法
- 掌握向文件读写二进制数据的方法
- 掌握读写内存流的方法

8.1 System.IO 命名空间

以字节形式向磁盘写数据通常称为字节流（比特流）。存储在磁盘上的字节集合称为文件。在 Windows 应用程序中，经常会读取文件中的数据，也会把处理后的数据存放到文件中，这就需要对外存上的文件进行输入/输出（I/O）处理。例如：一名财务人员将单位的工资报表进行保存，应用程序就会将数据以.xls 文件形式保存到硬盘上；而另一位在家休假的员工想浏览旅游期间拍摄的照片，应用程序就会读取存放在硬盘上的.bmp 文件；第三位员工要保留与好友的聊天记录，应用程序就会将会话文本以.txt 文件形式保存到硬盘上，如图 8-1 所示。

8.1.1 System.IO 类介绍

基于.NET 2.0 环境下的软件系统开发，已经把对文件的读写操作从底层转移到对类库的使用。类库结构中有个 System.IO 命名空间，里面包含允许读写文件和数据流的类型以及提供基本文件和目录支持的类型。列举一些常用的类如表 8-1 所示。

图 8-1 文件应用举例

表 8-1 System.IO 命名空间常用的类

类	说明
File	提供用于创建、复制、删除、移动和打开文件的静态方法,并协助创建 FileStream 对象
FileInfo	提供创建、复制、删除、移动和打开文件的实例方法,并且帮助创建 FileStream 对象。无法继承此类
FileStream	公开以文件为主的 Stream,既支持同步读写操作,也支持异步读写操作
BinaryReader	用特定的编码将基元数据类型读作二进制值
BinaryWriter	以二进制形式将基元类型写入流,并支持用特定的编码写入字符串
BufferedStream	给另一流上的读写操作添加一个缓冲层。无法继承此类
Directory	公开用于创建、移动和枚举通过目录和子目录的静态方法。无法继承此类
DirectoryInfo	公开用于创建、移动和枚举目录和子目录的实例方法。无法继承此类
Path	对包含文件或目录路径信息的 string 实例执行操作。这些操作是以跨平台的方式执行的
StreamReader	实现一个 TextReader,使其以一种特定的编码从字节流中读取字符
StreamWriter	实现一个 TextWriter,使其以一种特定的编码向流中写入字符
FileSysWatcher	侦听文件系统更改通知,并在目录或目录中的文件发生更改时引发事件

这些类的结构如图 8-2 所示。

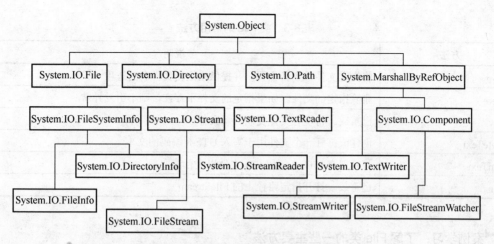

图 8-2 System.IO 命名空间的类结构

还有几个常作为参数的枚举,如表 8-2 所示。

表 8-2 System.IO 命名空间常用的枚举

枚举	说明
FileMode	指定操作系统打开文件的方式
FileShare	包含用于控制其他 FileStream 对象对同一文件可以具有的访问类型的常数
FileAccess	定义用于控制对文件的读访问、写访问或读/写访问的常数

小知识:

System.IO 命名空间的引用

在第一章提到了 Using 语句的使用,这里仍然建议使用 Using 来引用 System.IO 命名空间。在代码页的头部引用了 System.IO 命名空间

using System.IO;

在代码中就可以随意使用其所包含的类及枚举,如 File.Creat(),否则需要在代码处加上 System.IO 前缀,如 System.IO.File.Creat()。

通过 MSDN 查看 System.IO 命名空间

请打开 MSDN,选中索引标签,在查找文本框内填入 System.IO,在列表框中选中"System.IO 命名空间",右侧主页面会显示类、枚举、委托、结构列表。单击类 File,就会看到关于类 File 的介绍,还包括语法、备注、示例、继承层次结构、线程安全、平台、版本信息、公共方法、参数。通过这些帮助文档,尤其是示例,很容易掌握类 File 的使用。

8.1.2 File 类的常用方法

利用 MSDN 就可以掌握类 File 的使用,类 File 提供用于创建、复制、删除、移动和打开文件的静态方法,并协助创建 FileStream 对象。类 File 有几个常用方法,如表 8-3 所示。

表 8-3　类 File 的常用方法

方法	说明
Move	将指定文件移到新位置，并提供指定新文件名的选项
Delete	删除指定的文件。如果指定的文件不存在，则不引发异常
Copy	已重载。将现有文件复制到新文件
CreateText	创建或打开一个文件用于写入 UTF-8 编码的文本
OpenText	打开现有 UTF-8 编码文本文件以进行读取
Open	已重载。打开指定路径上的 FileStream

案例学习：了解 File 类的一些主要方法

下面的示例演示了 File 类的一些主要方法。

```
using System;
using System.IO;
class Test
{
    public static void Main()
    {
        string path = @"c:\temp\MyTest.txt";
        if (!File.Exists(path))
        {
            // 创建文件以便写入内容
            using (StreamWriter sw = File.CreateText(path))
            {
                sw.WriteLine("Hello");
                sw.WriteLine("And");
                sw.WriteLine("Welcome");
            }
        }
        // 打开文件从里面读数据
        using (StreamReader sr = File.OpenText(path))
        {
            string s = "";
            while ((s = sr.ReadLine()) != null)
            {
                Console.WriteLine(s);
            }
        }
        try
        {
            string path2 = path + "temp";
            // 确认将要拷贝成的文件是否已经有同名的文件存在
            File.Delete(path2);
            // 拷贝文件
            File.Copy(path, path2);
            Console.WriteLine("{0} was copied to {1}.", path, path2);
```

```
        // 删除新生成的文件
        File.Delete(path2);
        Console.WriteLine("{0} was successfully deleted.", path2);
    }
    catch (Exception e)
    {
        Console.WriteLine("The process failed: {0}", e.ToString());
    }
}
```

8.1.3　FileInfo 类的常用属性

类 FileInfo 提供创建、复制、删除、移动和打开文件的实例方法，并且帮助创建 FileStream 对象，无法继承此类。类 FileInfo 有几个常用属性，如表 8-4 所示。

表 8-4　类 FileInfo 的常用属性

属性	说明
Attributes	获取或设置当前FileSystemInfo的FileAttributes（从FileSystemInfo继承）
CreationTime	获取或设置当前 FileSystemInfo 对象的创建时间（从FileSystemInfo继承）
Directory	获取父目录的实例
DirectoryName	获取表示目录的完整路径的字符串
Exists	已重写。获取指示文件是否存在的值
Extension	获取表示文件扩展名部分的字符串（从FileSystemInfo继承）

案例学习：了解 FileInfo 类的一些主要属性

下面的示例演示了 FileInfo 类的一些主要属性。

```
using System;
using System.IO;
class Test
{
    public static void Main()
    {
        string fileName = "C:\\autoexec.bat";
        FileInfo fileInfo = new FileInfo(fileName);
        if (!fileInfo.Exists)
        {
            return;
        }
        Console.WriteLine("{0} has a directoryName of {1}",fileName,fileInfo.
        DirectoryName);
        /* 下面是代码的处理结果,
         * 实际的结果因机器不同:
         * C:\autoexec.bat has a directoryName of C:\
         */
    }
}
```

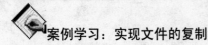案例学习：实现文件的复制

本案例将解决，同磁盘环境下文件复制的问题。请尝试把 C:\WinNT\Win.INI 文件拷贝到 C:\下的代码，怎么写呢？

● 实验步骤（1）：

向一个 Form 窗体上拖拽 3 个 Button 控件，3 个控件的 text 属性分别设置为"复制文本文件"、"创建文本文件"、"删除文本文件"，如图 8-3 所示。

图 8-3　文件操作界面

● 实验步骤（2）：

双击"复制文本文件"、"创建文本文件"、"删除文本文件"，在 click 事件处理方法里分别添加代码如下：

```csharp
using System;
using System.Collections.Generic;
using System.ComponentModel;
using System.Data;
using System.Drawing;
using System.Text;
using System.Windows.Forms;
using System.IO;
namespace FileOptionApplication
{
    public partial class Form1 : Form
    {
        public Form1()
        {
            InitializeComponent();
        }
        /// <summary>
        /// 复制文本文件
        /// </summary>
        private void button1_Click(object sender, EventArgs e)
        {
            string somefile = @"C:\Documents and Settings\Administrator\My Documents\SQL Server2000 安装故障.txt";
            string target = @"c:\2.txt";
            if (!File.Exists(somefile))
            {
                MessageBox.Show("文件不存在！");
            }
            else
            {
```

```csharp
            if (File.Exists(target))
            {
                File.Delete(target);
            }
            File.Copy(somefile, target);
            MessageBox.Show("文件复制成功！");
        }
    }
    /// <summary>
    /// 创建文本文件
    /// </summary>
    private void button2_Click(object sender, EventArgs e)
    {
        string target = @"c:\2.txt";
        if (File.Exists(target))
        {
            File.Delete(target);
        }
        File.CreateText(target);
    }
    /// <summary>
    /// 删除文本文件
    /// </summary>
    private void button3_Click(object sender, EventArgs e)
    {
        string target = @"c:\2.txt";
        if (File.Exists(target))
        {
            File.Delete(target);
            MessageBox.Show("文件删除成功！");
        }
    }
}
```

💡 问题讨论

刚才的实验是通过 File 类实现并完成任务的，那么此次我们通过更换 FileInfo 类执行同样的复制动作如何实现呢？请将 button1_Click 的代码替换为下列代码：

```csharp
private void button1_Click(object sender, EventArgs e)
{
    string path = @"C:\WINDOWS\IE4 Error Log.txt";
    string target = @"c:\1.txt";
    FileInfo myfile = new FileInfo(path);
    if (!myfile.Exists)
    {
        MessageBox.Show("对不起，未发现路径文件！");
    }
    else
```

```
            {
                myfile.CopyTo(target);
                MessageBox.Show("复制成功！");
            }
        }
    }
```

案例学习：获取文件基本信息

本案例将解决如何显示文件的基本信息问题。

- 实验步骤（1）：

向一个 Form 窗体上拖拽 3 个 Lable 控件和一个 Button 控件，Button 控件的 text 属性设置为"获取文件信息"，如图 8-4 所示。

图 8-4 获取文件信息界面

- 实验步骤（2）：

双击"获取文件信息"，在 click 事件处理方法里分别添加代码如下：

```
using System;
using System.Collections.Generic;
using System.ComponentModel;
using System.Data;
using System.Drawing;
using System.Text;
using System.Windows.Forms;
using System.IO;

namespace FileOptionApplication
{
    public partial class Form2 : Form
    {
        public Form2()
        {
            InitializeComponent();
        }
        /// <summary>
        /// 获取文件信息单击事件
        /// </summary>
        private void button1_Click(object sender, EventArgs e)
        {
            string somefile = @"C:\Documents and Settings\Administrator\My Documents\SQL Server2000 安装故障.txt";
            FileInfo myfile = new FileInfo(somefile);
            if (myfile.Exists)
```

```
                {
                    MessageBox.Show("文件已经存在");
                    label1.Text = "文件创建时间: " + myfile.CreationTime.ToString();
                    label2.Text = "文件夹: " + myfile.Directory.ToString();
                    label3.Text = "文件夹名称: " + myfile.DirectoryName.ToString() +
                    ", 文件扩展名: " + myfile.Extension.ToString();
                }
                else
                {
                    MessageBox.Show("文件并不存在");
                }
            }
        }
}
```

问题讨论

FileInfo 类和 File 类都可以实现上述操作，它们的方法也都非常相似，那么它们到底有什么区别呢？

FileInfo 类和 File 类的比较：

（1）两者都提供对文件类似的操作。

（2）File 为静态类，直接使用；FileInfo 需要实例化后才能使用。

（3）从性能上考虑，如果你要多次操作文件，不管是针对相同的，还是不同的，请使用 FileInfo，也就是，单打独斗 File 最棒，群殴则首推 FileInfo。

（4）每次通过 File 类调用某个方法时，都要占用一定的 CPU，而 FileInfo 类只在创建 FileInfo 对象时执行一次安全检查。

8.1.4 文件夹类 Directory 的常用方法

类 Directory 公开用于创建、移动和枚举通过目录和子目录的静态方法，无法继承此类。类 Directory 有几个常用的静态方法，如表 8-5 所示。

表 8-5 类 Directory 的常用方法

方法	说明
Move	将文件或目录及其内容移到新位置
Delete	已重载。删除指定的目录
CreateDirectory	已重载。创建指定路径中的所有目录
GetCreationTime	获取目录的创建日期和时间
GetCurrentDirectory	获取应用程序的当前工作目录
GetFiles	已重载。返回指定目录中文件的名称

案例学习：了解 Directory 类的一些主要方法

下面的示例演示了 Directory 类的一些主要方法。

```csharp
using System;
using System.IO;

class Test
{
    public static void Main()
    {
        try
        {
            // 获取当前目录的创建时间
            DateTime dt = Directory.GetCreationTime(Environment.CurrentDirectory);
            // 给用户反馈信息
            if (DateTime.Now.Subtract(dt).TotalDays > 364)
            {
                Console.WriteLine("This directory is over a year old.");
            }
            else if (DateTime.Now.Subtract(dt).TotalDays > 30)
            {
                Console.WriteLine("This directory is over a month old.");
            }
            else if (DateTime.Now.Subtract(dt).TotalDays <= 1)
            {
                Console.WriteLine("This directory is less than a day old.");
            }
            else
            {
                Console.WriteLine("This directory was created on {0}", dt);
            }
        }
        catch (Exception e)
        {
            Console.WriteLine("The process failed: {0}", e.ToString());
        }
    }
}
```

案例学习：获取文件的基本信息

本案例将引导学生掌握如何显示文件的基本物理磁盘信息。

- 实验步骤（1）：

向一个 Form 窗体上拖拽 5 个 Button 控件，Button 控件的 text 属性设置为"创建目录"、"删除目录"、"移动目录"、"目录创建时间"、"返回指定目录文件"，如图 8-5 所示。

图 8-5 目录操作界面

● 实验步骤（2）：

在类 Form3 里添加两个静态字段 directory_path、directory_otherpath，都为 string 类型，分别代表工作目录路径和其他目录路径；双击"创建目录"、"删除目录"、"移动目录"、"目录创建时间"、"返回指定目录文件"，在 click 事件处理方法里分别添加代码如下：

```csharp
using System;
using System.Collections.Generic;
using System.ComponentModel;
using System.Data;
using System.Drawing;
using System.Text;
using System.Windows.Forms;
using System.IO;

namespace FileOptionApplication
{
    public partial class Form3 : Form
    {
        public Form3()
        {
            InitializeComponent();
        }
        private static string directory_path = "c:\\qs250";
        private static string directory_otherpath = "c:\\qqqq";
        /// <summary>
        /// 删除目录鼠标单击事件
        /// </summary>
        private void button1_Click(object sender, EventArgs e)
        {
            try
            {
                Directory.CreateDirectory(directory_path);
                button2.Enabled = true;
                button1.Enabled = false;
                button3.Enabled = true;
                button4.Enabled = true;
                button5.Enabled = true;
                MessageBox.Show("文件夹成功建立。", "警报");
            }
            catch (Exception mm)
            {
                MessageBox.Show("磁盘操作错误，原因："+Convert.ToString(mm),"警报");
            }
        }
        /// <summary>
        /// 删除目录鼠标单击事件
        /// </summary>
        private void button2_Click(object sender, EventArgs e)
        {
            try
```

```csharp
            {
                Directory.Delete(directory_path);
                button2.Enabled = false;
                button1.Enabled = true;
                button3.Enabled = false;
                button4.Enabled = false;
                button5.Enabled = false;
                MessageBox.Show("文件夹删除建立。", "警报");
            }
            catch (Exception mm)
            {
                MessageBox.Show("磁盘操作错误,原因:"+Convert.ToString(mm),"警报");
            }
        }
        /// <summary>
        /// 移动目录鼠标单击事件
        /// </summary>
        private void button3_Click(object sender, EventArgs e)
        {
            try
            {
                Directory.Move(directory_path, directory_otherpath);
                MessageBox.Show("文件夹移动成功。", "警报");
                //举例来讲,如果您尝试将 c:\mydir 移到 c:\public,并且 c:\public 已存在,
                //则此方法引发 IOException。您必须将 "c:\\public\\mydir" 指定为
                //destDirName 参数,或者指定新目录名,例如 "c:\\newdir"。
            }
            catch (Exception mm)
            {
                MessageBox.Show("磁盘操作错误,原因:"+Convert.ToString(mm),"警报");
            }
        }
        /// <summary>
        /// 目录创建时间鼠标单击事件
        /// </summary>
        private void button4_Click(object sender, EventArgs e)
        {
            try
            {
            MessageBox.Show(string.Format("{0:G}",Directory.GetCreationTime
            (directory_path)), "提示");
                //获取时间格式参见 DateTimeFormatInfo
            }
            catch (Exception mm)
            {
                MessageBox.Show("磁盘操作错误,原因:"+Convert.ToString(mm),"警报");
            }
        }
        /// <summary>
        /// 返回指定目录文件鼠标单击事件
```

```
            /// </summary>
            private void button5_Click(object sender, EventArgs e)
            {
                try
                {
                    string[] fileEntries = Directory.GetFiles(directory_path);
                    if (fileEntries.Length != 0)
                    {
                        foreach (string s in fileEntries)
                        {
                            if (File.Exists(s))
                            {
                                MessageBox.Show("内有文件信息:" + s, "提示");
                            }
                        }
                    }
                    else
                    {
                        MessageBox.Show("空文件夹", "提示");
                    }
                    //获取时间格式参见 DateTimeFormatInfo
                }
                catch (Exception mm)
                {
                    MessageBox.Show("磁盘操作错误,原因: "+Convert.ToString(mm),"警报");
                }
            }
```

8.1.5 File 类的常用操作的静态方法练习

文本文件是我们接触频繁的一类文件,记事本程序经常操作的文件就是文本文件,很多应用程序会保存一些记录到日志文件里,这种日志文件也可以是文本文件。通过本小节的学习,可以掌握对文本文件的简单读写方法。

上一小节,在介绍 System.IO 命名空间时,重点介绍了类 File,本节继续讨论类 File。类 File 是个静态类,不能被继承。它不仅提供一系列方法,用来针对文件的通用操作,还提供了一系列的读写文本文件的方法,如表 8-6 所示。

表 8-6 类 File 的读写文本文件方法

方法	说明
CreateText(string FilePath)	创建或打开一个文件用于写入 UTF-8 编码的文本
OpenText(string FilePath)	打开现有 UTF-8 编码文本文件以进行读取
Open(string FilePath, FileMode)	打开指定路径上的 FileStream,具有读/写访问权限
Create(string FilePath)	在指定路径中创建文件
OpenRead(string FilePath)	打开现有文件以进行读取
AppendText(string FilePath)	创建一个 StreamWriter,它将 UTF-8 编码文本追加到现有文件

小知识：

UTF-8 编码

UTF-8 是 UNICODE 八位交换格式的简称，UNICODE 是国际标准，也是 ISO 标准 10646 的等价标准。UNICODE 编码的文件中可以同时对几乎所有地球上已知的文字字符进行书写和表示，而且已经是 UNIX/LINUX 世界的默认编码标准。简体中文版常用的 GB2312/GB18030/GBK 系列标准是我国的国家标准，但只能对中文和多数西方文字进行编码。为了网站的通用性起见，用 UTF-8 编码是更好的选择。

案例学习：简易文本编辑器的开发案例

通过本实验，你将学习并了解到对文本文件操控的综合练习过程，在实验中逐渐熟悉并掌握对文本文件的操控技能。

- 实验步骤（1）：

向一个 Form 窗体上拖拽两个 GroupBox 控件，text 属性分别设置为"写入文本"、"命名文本文件："；向两个 GroupBox 控件里拖拽一个 RichTextBox 控件和一个 TextBox 控件；向第一个 GroupBox 控件里拖拽两个 Button 控件，属性分别设置为"保存编辑文件"、"打开文本文件"；向第二个 GroupBox 控件里拖拽一个 Button 控件，text 属性设置为"创建文本文件"，如图 8-6 所示。

图 8-6 简易文本编辑器界面

- 实验步骤（2）：

在案例中添加一个静态字段 directory_path，为 string 类型，代表工作目录路径；双击"保存编辑文件"、"打开文本文件"、"创建文本文件"，在 click 事件处理方法里分别添加代码如下：

```
using System;
using System.Collections.Generic;
using System.ComponentModel;
using System.Data;
using System.Drawing;
using System.Text;
```

```csharp
using System.Windows.Forms;
using System.IO;

namespace FileOptionApplication
{
    public partial class Form4 : Form
    {
        public Form4()
        {
            InitializeComponent();
        }
        private static string directory_path = "c:\\";
        /// <summary>
        /// 创建文本文件
        /// </summary>
        private void button1_Click(object sender, EventArgs e)
        {
            try
            {
                if (textBox1.Text.Length == 0)
                {
                    MessageBox.Show("文件名禁止为空！","警报");
                }
                else
                {
                    directory_path=directory_path+textBox1.Text.Trim()+".txt";
                    //File.CreateText(..)返回的是一个StreamWriter
                    StreamWriter sw = File.CreateText(directory_path);
                    button2.Enabled = true;
                    button3.Enabled = true;
                    button1.Enabled = false;
                    richTextBox1.Enabled = true;
                    MessageBox.Show("文件文件成功建立。","消息");
                    sw.Close();
                }
            }
            catch (Exception mm)
            {
                MessageBox.Show("磁盘操作错误，原因："+Convert.ToString(mm),"警报");
            }
        }
        /// <summary>
        /// 打开文本文件
        /// </summary>
        private void button2_Click(object sender, EventArgs e)
        {
            try
            {
                OpenFileDialog open = new OpenFileDialog();//创建一个打开的对话框
                open.Title = "打开文本文件";
                open.FileName = "";
                open.AddExtension = true;//设置是否自动在文件中添加扩展名
                open.CheckFileExists = true;//检查文件是否存在
                open.CheckPathExists = true;//验证路径有效性
```

```csharp
            open.Filter = "文本文件(*.txt)|*.txt";//设置将打开文件的类型
            open.ValidateNames = true;
            //文件有效性验证 ValidateNames，验证用户输入是否是一个有效的 Windows
            //文件名
            if (open.ShowDialog() == DialogResult.OK)
            {
                StreamReader sr = new StreamReader(open.FileName, System.Text.
                Encoding.Default);
                this.richTextBox1.Text = sr.ReadToEnd();
            }
            MessageBox.Show("文件打开成功。","消息");
        }
        catch (Exception mm)
        {
            MessageBox.Show("磁盘操作错误，原因："+Convert.ToString(mm),"警报");
        }
    }
    /// <summary>
    /// 保存编辑文件
    /// </summary>
    private void button3_Click(object sender, EventArgs e)
    {
        try
        {
            FileStream textfile = File.Open(directory_path,
            FileMode.OpenOrCreate,FileAccess.Write);
            StreamWriter sw = new StreamWriter(textfile, Encoding.GetEncoding
            ("GB2312"));
                sw.Write(richTextBox1.Text.ToString());
                MessageBox.Show("文件写成功。","警报");
        }
        catch (Exception mm)
        {
            MessageBox.Show("磁盘操作错误，原因："+Convert.ToString(mm),"警报");
        }
    }
}
```

8.2 文件流类 FileStream

用 File 类提供的方法在创建或打开文件时，总是会产生一个 FileStream 对象。类 FileStream 是个什么样的类？通过它的对象，怎样完成对文件的操作呢？

1. FileStream 文件流类简介

FileStream 对象，也称为文件流对象，为文件的读写操作提供通道，而 File 对象相当于提供一个文件句柄，在文件操作中，针对 FileStream 对象的操作必须首先实例化一个 FileStream 类对象后才可以使用，这一点与 File 类的操作是不一样的。

FileStream 类在实例后可以用于读写文件中的数据，而要构造 FileStream 实例，需要以下 4 条信息：

（1）要有访问的文件。

（2）表示如何打开文件的模式。例如，创建一个新文件或打开一个现有的文件。如果打开一个现有的文件，写入操作是覆盖文件原来的内容，还是添加到文件的末尾？

（3）表示访问文件的方式——是只读、只写，还是读写？

（4）共享访问——表示是否独占访问文件。如果允许其他流同时访问文件，则这些流是只读、只写，还是读写文件？

2. FileStream 文件流类的创建

创建 FileStream 对象的方式不是单一的，除了用 File 对象的 Create()方法或 Open()方法外，也可以采用 FileStream 对象的构造函数。基本创建文件流对象的方法如下：

（1）使用 File 对象的 Create 方法：

```
FileStream mikecatstream;
mikecatstream = File.Create("c:\\mikecat.txt");
//本段代码的含义：利用类File的Create()方法在C:根目录下创建文件mikecat.txt，并把文
//件流赋给mikecatstream
```

（2）使用 File 对象的 Open 方法：

```
FileStream mikecatstream;
mikecatstream = File.Open("c:\\mikecat.txt", FileMode.OpenOrCreate, FileAccess.Write);
//本段代码的含义：利用类File的Open()方法打开在C:根目录下的文件mikecat.txt，打开的模
//式为打开或创建，对文件的访问形式为只写，并把文件流赋给mikecatstream
```

（3）使用类 FileStream 的构造函数：

```
FileStream mikecatstream;
mikecatstream=new FileStream("c:\\mikecat.txt",FileMode.OpenOrCreate,FileAccess.Write);
//本段代码的含义：利用类FileStream的构造函数打开在C:根目录下的文件mikecat.txt，打开
//的模式为打开或创建，对文件的访问形式为只写，并把文件流赋给mikecatstream
```

类 FileStream 的构造函数提供了 15 种重载，最常用的有 3 种，如表 8-7 所示。

表 8-7 类 FileStream 的 3 种常用的构造函数

名称	说明
FileStream(string FilePath, FileMode)	使用指定的路径和创建模式初始化 FileStream 类的新实例
FileStream(string FilePath, FileMode, FileAccess)	使用指定的路径、创建模式和读/写权限初始化 FileStream 类的新实例
FileStream(string FilePath, FileMode, FileAccess, FileShare)	使用指定的路径、创建模式、读/写权限和共享权限创建 FileStream 类的新实例

在构造函数中使用的 FilePath、FileMode、FileAccess、FileShare 分别是指：使用指定的路径、创建模式、读/写权限和共享权限。其中 FilePath 将封装文件的相对路径或绝对路径。

下面介绍一下 FileMode、FileAccess、FileShare。它们三个都是 System.IO 命名空间中的枚举类型，如表 8-8 所示。

表 8-8　枚举类型 FileMode、FileAccess、FileShare

名称	取值	说明
FileMode	Append、Create、CreateNew、Open、OpenOrCreate 和 Truncate	指定操作系统打开文件的方式
FileAccess	Read、ReadWrite 和 Write	定义用于控制对文件的读访问、写访问或读/写访问的常数
FileShare	Inheritable、None、Read、ReadWrite 和 Write	包含用于控制其他 FileStream 对象对同一文件可以具有的访问类型的常数

看下面的两个举例：

小实验 1

```
FileStream fstream = new FileStream("Test.cs", FileMode.OpenOrCreate, FileAccess.ReadWrite, FileShare.None);
//本段代码的含义：利用类 FileStream 的构造函数打开当前目录下的文件 Test.cs，打开的模式为
//打开或创建，对文件的访问形式为读写，共享模式为拒绝共享，并把文件流赋给 fstream
```

小实验 2

```
FileStream s2 = new FileStream(name, FileMode.Open, FileAccess.Read, FileShare.Read);
//本段代码的含义：利用类 FileStream 的构造函数打开当前目录下文件名为字符串 name 的文件，
//打开的模式为打开，对文件的访问形式为只读，共享模式为读共享，并把文件流赋给 s2
```

关于 FileMode、FileAccess、FileShare 这三个枚举类型值的含义，请参照表 8-9 至表 8-11。

表 8-9　枚举类型 FileMode 枚举值的含义

成员名称	说明
Append	打开现有文件并查找到文件尾，或创建新文件。FileMode.Append 只能同 FileAccess.Writ 一起使用。任何读尝试都将失败并引发 ArgumentException
Create	指定操作系统应创建新文件。如果文件已存在，它将被改写。这要求 FileIOPermissionAccess.Write。System.IO.FileMode.Create 等效于这样的请求：如果文件不存在，则使用 CreateNew；否则使用 Truncate
CreateNew	指定操作系统应创建新文件。此操作需要 FileIOPermissionAccess.Write。如果文件已存在，则将引发 IOException
Open	指定操作系统应打开现有文件。打开文件的能力取决于 FileAccess 所指定的值。如果该文件不存在，则引发 System.IO.FileNotFoundException
OpenOrCreate	指定操作系统应打开文件（如果文件存在）；否则，应创建新文件。如果用 FileAccess.Read 打开文件，则需要 FileIOPermissionAccess.Read。如果文件访问为 FileAccess.Write 或 FileAccess.ReadWrite，则需要 FileIOPermissionAccess.Write。如果文件访问为 FileAccess.Append，则需要 FileIOPermissionAccess.Append
Truncate	指定操作系统应打开现有文件。文件一旦被打开，就将被截断为零字节大小。此操作需要 FileIOPermissionAccess.Write。试图从使用 Truncate 打开的文件中进行读取将导致异常

表 8-10 枚举类型 FileAccess 枚举值的含义

成员名称	说明
Read	对文件的读访问。可从文件中读取数据。同 Write 组合即构成读写访问权
ReadWrite	对文件的读访问和写访问。可从文件读取数据和将数据写入文件
Write	文件的写访问。可将数据写入文件。同 Read 组合即构成读/写访问权

表 8-11 枚举类型 FileShare 枚举值的含义

成员名称	说明
Delete	允许随后删除文件
Inheritable	使文件句柄可由子进程继承。Win32 不直接支持此功能
None	谢绝共享当前文件。文件关闭前,打开该文件的任何请求(由此进程或另一进程发出的请求)都将失败
Read	允许随后打开文件读取。如果未指定此标志,则文件关闭前,任何打开该文件以进行读取的请求(由此进程或另一进程发出的请求)都将失败。但是,即使指定了此标志,仍可能需要附加权限才能够访问该文件
ReadWrite	允许随后打开文件读取或写入。如果未指定此标志,则文件关闭前,任何打开该文件以进行读取或写入的请求(由此进程或另一进程发出)都将失败。但是,即使指定了此标志,仍可能需要附加权限才能够访问该文件
Write	允许随后打开文件写入。如果未指定此标志,则文件关闭前,任何打开该文件以进行写入的请求(由此进程或另一进程发出)都将失败。但是,即使指定了此标志,仍可能需要附加权限才能够访问该文件

在打开文件产生文件流的时候,3 种枚举类型的不同选值作为参数,会产生不同的操作效果。具体应用应根据实际需要定。

注意:对于 FileMode,如果要求的模式与文件的现有状态不一致,就会抛出一个异常。如果文件不存在,Append、Open 和 Truncate 会抛出一个异常,如果文件存在,CreateNew 会抛出一个异常。Create 和 OpenOrCreate 可以处理这两种情况,但 Create 会删除现有的文件,创建一个新的空文件。FileAccess 和 FileShare 枚举是按位标志,所以这些值可以与 C#的按位 OR 运算符|合并使用。

8.3 文件读写例子

案例学习:文件流 FileStream 综合案例(一)

本次实验目标是通过一个窗体,如图 8-7 所示,在单击相应按钮控件时,可以完成对文件的读写操作、磁盘操作以及对目录的管理操作。通过本案例使读者快速掌握操作文件、目录的技术方法及类 FileStream 的应用。

● 实验步骤(1):

由图 8-7 所示,从工具箱中拖拽 5 个 GroupBox 控件到 Form 窗体上,text 属性分别设置为:

"文件管理"、"读写文件操作"、"文件磁盘操作"、"设置文件属性"、"目录管理";向第一个GroupBox控件拖拽一个RichTextBox控件;再向第一个GroupBox控件拖拽一个Button控件,text属性设置为"关闭";向第二个GroupBox控件拖拽一个ComboBox控件,text属性设置为"写入类型选择:",Items属性中添加"创建空文本文件"、"添加入文本文件"、"新写入文本文件";再向第二个GroupBox控件拖拽二个Button控件,text属性分别设置为"写入文件"、"读出文件";向第三个GroupBox控件拖拽一个ComboBox控件,text属性设置为"文件磁盘操作选择:",Items属性中添加"文件创建"、"文件删除"、"文件复制"、"文件移动";再向第三个GroupBox控件拖拽一个Button控件,text属性设置为"文件磁盘操作";向第四个GroupBox控件拖拽二个CheckBox控件,text属性分别设置为"只读"、"隐藏";再向第四个GroupBox控件拖拽一个Button控件,text属性设置为"属性确认";向第五个GroupBox控件拖拽一个ComboBox控件,text属性分别设置为"文件目录操作选择:",Items属性中添加"创建文件夹"、"文件夹删除"、"文件夹移动"、"获取子文件信息";再向第五个GroupBox控件拖拽一个Button控件,text属性设置为"文件目录操作"。

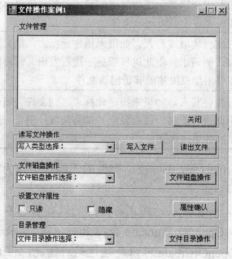

图8-7 文件操作案例1界面

- 实验步骤(2):

用鼠标双击所有Button控件,进入.cs文件编辑状态准备进行开发,代码如下:

```
//=========================第一部分:主界面功能设计==============================
using System;
using System.Collections.Generic;
using System.ComponentModel;
using System.Data;
using System.Drawing;
using System.Text;
using System.Windows.Forms;
using System.IO;

namespace FileOptionApplication
{
```

```csharp
public partial class Form6 : Form
{
    public Form6()
    {
        InitializeComponent();
    }
    /// <summary>
    /// 读写文件操作
    /// </summary>
    private void button3_Click(object sender, EventArgs e)
    {
        int p = comboBox1.SelectedIndex;
        if (p == -1)
        {
            MessageBox.Show("请您选择文件写入方式", "警告信息", MessageBox
            Buttons.OK, MessageBoxIcon.Information);
        }
        else
        {
            string filecontent = richTextBox1.Text.Trim();
            MyFileOption myoption = new MyFileOption();
            string filepath = @"c:\1.txt";
            bool i = myoption.WriteTextFile(filepath, filecontent, Convert.
            ToInt16(comboBox1.SelectedIndex));
            if (i == true)
            {
                MessageBox.Show("保存成功", "保存信息", MessageBoxButtons.OK,
                MessageBoxIcon.Information);
            }
            else
            {
                MessageBox.Show("写入文件时出错", "错误", MessageBoxButtons.OK,
                MessageBoxIcon.Warning);
            }
        }
    }
    /// <summary>
    /// 文件磁盘操作
    /// </summary>
    private void button4_Click(object sender, EventArgs e)
    {
        Int16 p = Convert.ToInt16(comboBox2.SelectedIndex);
        if (p == -1)
        {
            MessageBox.Show("请您选择磁盘文件操作方式", "警告信息", MessageBox
            Buttons.OK, MessageBoxIcon.Information);
        }
        else
        {
            string sourcepath = "c:\\1.txt";
```

```csharp
            string targetpath = "c:\\2.txt";
            MyFileOption myoption = new MyFileOption();
            bool i = myoption.DiskFileOption(sourcepath, targetpath, p);
            if (i == true)
            {
                MessageBox.Show("磁盘文件操作成功", "保存信息", MessageBox
                Buttons.OK, MessageBoxIcon.Information);
            }
            else
            {
                MessageBox.Show("磁盘文件操作时出错", "错误", MessageBox
                Buttons.OK, MessageBoxIcon.Warning);
            }
        }
    }
    private void button1_Click(object sender, EventArgs e)
    {
        richTextBox1.Text = null;
        richTextBox1.Focus();
    }
    /// <summary>
    /// 读出文本文件内容
    /// </summary>
    private void button2_Click(object sender, EventArgs e)
    {
        MyFileOption myoption = new MyFileOption();
        string filepath = @"c:\1.txt";
        Int16 i = 0;
        string filecontent = "";
        myoption.ReadTextFile(filepath, out i, out filecontent);
        if (i == 0)
        {
            MessageBox.Show(filecontent, "错误信息", MessageBoxButtons.OK,
            MessageBoxIcon.Information);
            richTextBox1.Text = filecontent;
        }
        else if (i == 1)
        {
            richTextBox1.Text = filecontent;
            MessageBox.Show("读取文件成功", "成功", MessageBoxButtons.OK,
            MessageBoxIcon.Warning);
        }
        else if (i == 2)
        {
            richTextBox1.Text = filecontent;
            MessageBox.Show(filecontent, "错误信息", MessageBoxButtons.OK,
            MessageBoxIcon.Warning);
        }
    }
    /// <summary>
```

```csharp
/// 文件基本属性设置
/// </summary>
private void button5_Click(object sender, EventArgs e)
{
    string filepath = @"c:\1.txt";
    if (checkBox1.Checked && checkBox2.Checked)
    {
        File.SetAttributes(filepath, FileAttributes.ReadOnly |
        FileAttributes.Hidden);
        MessageBox.Show("文件已经改为只读且隐藏", "提示", MessageBox
        Buttons.OK, MessageBoxIcon.Warning);
    }
    else
    {
        if (!checkBox1.Checked && !checkBox2.Checked)
        {
            File.SetAttributes(filepath, FileAttributes.Archive);
            MessageBox.Show("文件已经改为正常", "提示", MessageBox
            Buttons.OK, MessageBoxIcon.Warning);
        }
        else
        {
            if (checkBox2.Checked)
            {
                File.SetAttributes(filepath, FileAttributes.ReadOnly);
                MessageBox.Show("文件已经改为只读", "提示", MessageBox
                Buttons.OK, MessageBoxIcon.Warning);
            }
            if (checkBox1.Checked)
            {
                File.SetAttributes(filepath, FileAttributes.Hidden);
                MessageBox.Show("文件已经改为隐藏", "提示", MessageBox
                Buttons.OK, MessageBoxIcon.Warning);
            }
        }
    }
}
/// <summary>
/// 文件夹操作
/// </summary>
private void button6_Click(object sender, EventArgs e)
{
    Int16 p = Convert.ToInt16(comboBox3.SelectedIndex);
    if (p == -1)
    {
        MessageBox.Show("请您选择文件夹操作方式", "警告信息", MessageBox
        Buttons.OK, MessageBoxIcon.Information);
    }
    else
    {
```

```csharp
            string sourcepath = @"c:\1";
            string targetpath = @"c:\2";
            MyFileOption myoption = new MyFileOption();
            string[] filesname = null;
            bool i = myoption.DirectoryOption(sourcepath, targetpath, p, out filesname);
            if (i == true)
            {
                MessageBox.Show("磁盘文件夹操作成功", "保存信息", MessageBox
                    Buttons.OK, MessageBoxIcon.Information);
                if (filesname != null)
                {
                    foreach (string somestring in filesname)
                    {
                        richTextBox1.Text += somestring + "\r\n";
                    }
                }
            }
            else
            {
                MessageBox.Show("磁盘文件夹操作时出错", "错误", MessageBox
                    Buttons.OK, MessageBoxIcon.Warning);
            }
        }
    }
}
```

● 实验步骤（3）：

向项目中添加名为 FileOption.cs 的类文件，并准备填写关于文件操作的各种方法，如图 8-8 所示。

图 8-8　建立 FileOption.cs

● 实验步骤（4）：

向 FileOption.cs 文件中添加代码如下：

```csharp
//==============================第二部分：类设计==============================
using System;
using System.Collections.Generic;
using System.Text;
using System.IO;

namespace FileOptionApplication
{
```

```csharp
class MyFileOption
{
    /// <summary>
    public bool WriteTextFile(string filepath, string filecontent, Int16 WriteMethord)
    {
        bool i = true;
        try
        {
            if (WriteMethord == 0)
            {
                FileStream textfile = File.Open(filepath, FileMode.OpenOrCreate, FileAccess.Write);
                StreamWriter sw = new StreamWriter(textfile, Encoding.Default);
                sw.Write(filecontent);
                i = true;
                sw.Close();
                textfile.Close();
            }
            else if (WriteMethord == 1)
            {
                FileStream textfile = File.Open(filepath, FileMode.Append, FileAccess.Write);
                StreamWriter sw = new StreamWriter(textfile, Encoding.Default);
                sw.Write(filecontent);
                i = true;
                sw.Close();
                textfile.Close();
            }
            else if (WriteMethord == 2)
            {
                FileStream textfile = File.Open(filepath, FileMode.Create, FileAccess.Write);
                StreamWriter sw = new StreamWriter(textfile, Encoding.Default);
                sw.Write(filecontent);
                i = true;
                sw.Close();
                textfile.Close();
            }
            return i;
        }
        catch
        {
            i = false;
            return i;
        }
    }
}
```

```csharp
/// <summary>
public bool DiskFileOption(string SourcePath, string TargetPath, Int16 OptionMethord)
{
    bool i = true;
    try
    {
        if (OptionMethord == 0)
        {
            //文件创建
            FileStream textfile = File.Create(SourcePath);
            textfile.Close();
        }
        else if (OptionMethord == 1)
        {
            //文件删除
            File.Delete(SourcePath);
        }
        else if (OptionMethord == 2)
        {
            //文件复制
            File.Copy(SourcePath, TargetPath, true);
        }
        else if (OptionMethord == 3)
        {
            //文件移动
            File.Move(SourcePath,TargetPath);
        }
        return i;
    }
    catch
    {
        i = false;
        return i;
    }
}
/// <summary>
public void ReadTextFile(string filepath, out Int16 i, out string filecontent)
{
    if (File.Exists(filepath))
    {
        try
        {
            StreamReader textreader = new StreamReader(filepath, System.Text.Encoding.Default);
            filecontent = textreader.ReadToEnd();
            textreader.Close();
            i = 1;
        }
```

```csharp
            catch
            {
                i = 2;
                filecontent = "文件读取错误!";
            }
        }
        else
        {
            i = 0;
            filecontent = "文件或路径无效!";
        }
    }
    /// <summary>
    /// <summary>
    public bool DirectoryOption(string Directorypath, string TargetDirectorypath,
    Int16 OptionMethord, out string[] filesname)
    {
        bool k = true;
        filesname = null;
        if (Directory.Exists(Directorypath))
        {
            try
            {
                if (OptionMethord == 0)
                {
                    //创建文件夹
                    Directory.CreateDirectory(Directorypath);
                }
                else if (OptionMethord == 1)
                {
                    //文件夹删除
                    Directory.Delete(Directorypath, true);
                }
                else if (OptionMethord == 2)
                {
                    //文件夹移动
                    Directory.Move(Directorypath, TargetDirectorypath);
                }
                else if (OptionMethord == 3)
                {
                    //获取文件夹下面所有的子文件信息
                    filesname = Directory.GetFiles(Directorypath);
                }
            }
            catch
            {
                k = false;
            }
        }
        else
```

```
            {
                Directory.CreateDirectory(Directorypath);
                k = true;
            }
            return k;
        }
    }
}
```

案例学习：文件流 FileStream 综合案例（二）

本案例将学到：
- ➢ 如何通过用户选择文件夹，获取文件夹信息
- ➢ 如何通过用户选择文件，获取文件信息
- ➢ 如何通过文件流建立一个新的文本文件
- ➢ 如何打开文本文件后重新写文本信息流
- ➢ 如何在C#中定义文件和文件夹
- ➢ 文件流的资源释放意义以及释放资源的基本顺序

● 实验步骤（1）：

由图 8-9 所示，从工具箱中拖拽 3 个 GroupBox 控件到 Form 窗体上，text 属性分别设置为："添加物理路径"、"打开文本文件"、"文本编辑区"；向第一个 GroupBox 控件拖拽一个 TextBox 控件；再向第一个 GroupBox 控件拖拽一个 Button 控件，text 属性设置为"选定文件夹"；向第二个 GroupBox 控件拖拽一个 TextBox 控件；再向第二个 GroupBox 控件拖拽一个 Button 控件，text 属性设置为"选定文件"；向第三个 GroupBox 控件拖拽一个 richTextBox 控件；再向窗体上非 GroupBox 区域拖拽一个 Button 控件，text 属性设置为"保存文本文件"。

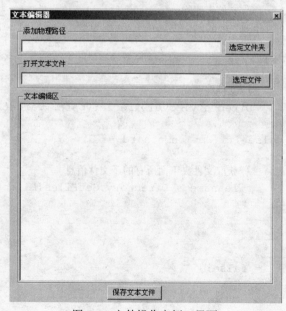

图 8-9　文件操作案例 2 界面

● 实验步骤（2）：

在类 Form11 里添加一个字段 TypeW，为 int 类型，代表人为的操作类型；用鼠标双击 Button 控件，进入.cs 文件编辑状态准备进行开发。代码如下：

```csharp
//========================代码编辑==========================================
using System;
using System.Collections.Generic;
using System.ComponentModel;
using System.Data;
using System.Drawing;
using System.Text;
using System.Windows.Forms;
using System.IO;

namespace FileOptionApplication
{
    public partial class Form11 : Form
    {
        public Form11()
        {
            InitializeComponent();
        }
        //添加变量TypeW,int类型，0为默认，1为打开文件夹并建立new.txt文件，2为打开
        //文本文件
        int TypeW = 0;
        /// <summary>
        /// 选定某个文件夹
        /// </summary>
        private void button1_Click(object sender, EventArgs e)
        {
            //新建文件夹
            FolderBrowserDialog openfolder = new FolderBrowserDialog();
            if (openfolder.ShowDialog ()== DialogResult.OK)
            {
                textBox1.Text = Convert.ToString(openfolder.SelectedPath);
                TypeW = 1;
            }
        }
        /// <summary>
        /// 选定某个文件夹下面的文本文件
        /// </summary>
        private void button4_Click(object sender, EventArgs e)
        {
            OpenFileDialog openfile = new OpenFileDialog();
            openfile.Filter = "文本文件|*.txt";
            if (openfile.ShowDialog() == DialogResult.OK)
            {
                FileStream OpenFileStream = new FileStream(openfile.FileName,
                FileMode.Open, FileAccess.Read);
                StreamReader sr = new StreamReader(OpenFileStream, Encoding.
                Default);
```

```csharp
            richTextBox1.Text = sr.ReadToEnd();
            textBox2.Text = Convert.ToString(openfile.FileName);
            OpenFileStream.Close();
            sr.Close();
            TypeW = 2;
        }
    }
}
/// <summary>
/// 保存文本文件
/// </summary>
private void button2_Click(object sender, EventArgs e)
{
    if (richTextBox1.Text == string.Empty)
    {
        MessageBox.Show("编辑文本文件内容禁止为空!", "提示信息");
        return;
    }
    else
    {
        if (TypeW == 1)
        {
            FileStream fs = new FileStream(textBox1.Text+@"\\new.txt", FileMode.Create, FileAccess.ReadWrite);
            StreamWriter sw = new StreamWriter(fs,Encoding.Default);
            sw.Write(richTextBox1.Text);
            TypeW = 0;
            MessageBox.Show("已经成功的将文本文件写入" + textBox1.Text + "\\new.txt 之中", "提示信息");
            //注意：此处顺序绝不可调换，为什么？【另外，为什么必须关闭线程资源？】
            sw.Close();
            fs.Close();
        }
        else if(TypeW==2)
        {
            FileStream fs = new FileStream(textBox2.Text, FileMode.OpenOrCreate, FileAccess.ReadWrite);
            StreamWriter sw = new StreamWriter(fs, Encoding.Default);
            sw.Write(richTextBox1.Text);
            TypeW = 0;
            MessageBox.Show("已经成功的将文本文件写入" + textBox2.Text + "之中", "提示信息");
            //注意：此处顺序绝不可调换，为什么？
            sw.Close();
            fs.Close();
        }
    }
}
}
```

8.4 读写二进制文件

在前面两节，读写的文件都是针对文本文件。这一节重点讲述二进制文件的读写，什么是二进制文件呢？

小知识：

> **二进制文件**
> 英文：Binary files——包含在 ASCII 及扩展 ASCII 字符中编写的数据或程序指令的文件。计算机文件基本上分为两种：二进制文件和 ASCII（也称纯文本）文件，图形文件及文字处理程序等计算机程序都属于二进制文件。这些文件含有特殊的格式及计算机代码。ASCII 则是可以用任何文字处理程序阅读的简单文本文件。
>
> 从本质上来说他们之间没有什么区别，因为他们在硬盘上都有一种的存放方式——二进制，但是如果要对他们有些区分的话，那可以这样理解。现在的每个字符由一个或多个字节组成，每个字节都是用的 -128～127 之间的部分数值来表示的，也就是说，-128～127 之间还有一些数据没有对应任何字符的任何字节。如果一个文件中的每个字节的内容都是可以表示成字符的数据，就可以称这个文件为文本文件，可见，文本文件只是二进制文件中的一种特例，为了与文本文件相区别，人们又把除了文本文件以外的文件称为二进制文件，由于很难严格区分文本文件和二进制文件的概念，所以可以简单地认为，如果一个文件专门用于存储文本字符的数据，没有包含字符以外的其他数据，我们就称为文本文件，除此之外的文件就是二进制文件。

8.4.1 二进制文件读取器/编写器介绍

在读写二进制文件时，需要研究的读取器/编写器组是 BinaryReader 和 BinaryWriter，它们都从 System.Object 直接派生。这些类型可以让我们从基层流中以简洁的二进制格式读取或写入离散数据类型。BinaryWriter 类型定义了一个多次重载的 Write()方法，用于把数据类型写入基层的流。除了 Write()方法，BinaryWriter 还提供了另外一些成员让我们能获取或设置从 Stream 派生的类型，并且提供了随机数据访问的支持。建立读取器/编写器（BinaryReader 和 BinaryWriter）需要注意的事项有两点：

（1）要使用 BinaryReader 和 BinaryWriter 类。
（2）这两个对象都需要在 FileStream 上创建。

小实验：建立一个 BinaryWriter 对象

```
FileStream filestream = new FileStream(Filename, FileMode.Create);
BinaryWriter objBinaryWriter = new BinaryWriter(filestream);
```

类 BinaryReader 用特定的编码将基元数据类型读作二进制值。类 BinaryReader 有几个常用的方法，如表 8-12 所示。

表 8-12 类 BinaryReader 的常用方法

方法	说明
Close()	关闭当前阅读器及基础流
Read()	已重载。从基础流中读取字符，并提升流的当前位置
ReadDecimal()	从当前流中读取十进制数值，并将该流的当前位置提升 16 个字节
ReadByte()	从当前流中读取下一个字节，并使流的当前位置提升 1 个字节
ReadInt16()	从当前流中读取 2 字节有符号整数，并使流的当前位置提升 2 个字节
ReadInt32()	从当前流中读取 4 字节有符号整数，并使流的当前位置提升 4 个字节
ReadString()	从当前流中读取一个字符串。字符串有长度前缀，一次 7 位地被编码为整数

小实验：建立一个 BinaryReader 类的一些主要方法

```
using System;
using System.IO;

class BinaryRW
{
    static void Main()
    {
        int i = 0;
        char[] invalidPathChars = Path.InvalidPathChars;
        MemoryStream memStream = new MemoryStream();
        BinaryWriter binWriter = new BinaryWriter(memStream);
        // 写入内存
        binWriter.Write("Invalid file path characters are: ");
        for (i = 0; i < invalidPathChars.Length; i++)
        {
            binWriter.Write(invalidPathChars[i]);
        }
        // 用作生成编写器的内存流同样作为生成读取器的内存流
        BinaryReader binReader = new BinaryReader(memStream);
        // 设置流的起点
        memStream.Position = 0;
        // 从内存中读取数据，并把数据写入控制台
        Console.Write(binReader.ReadString());
        char[] memoryData = new char[memStream.Length - memStream.Position];
        for (i = 0; i < memoryData.Length; i++)
        {
            memoryData[i] = Convert.ToChar(binReader.Read());
        }
        Console.WriteLine(memoryData);
    }
}
```

类 BinaryWriter 以二进制形式将基元类型写入流，并支持用特定的编码写入字符串。类 BinaryWriter 有几个常用的方法，如表 8-13 所示。

表 8-13　类 BinaryWriter 的常用方法

方法	说明
Close()	关闭当前的 BinaryWriter 和基础流
Flush()	清理当前编写器的所有缓冲区，使所有缓冲数据写入基础设备
Write()	已重载。将值写入当前流

小实验：建立一个 BinaryWriter 类的一些主要方法

```
using System;
using System.IO;

class BinaryRW
{
    static void Main()
    {
        using (BinaryWriter binWriter = new BinaryWriter(File.Open(fileName,
        FileMode.Create)))
        {
            binWriter.Write(aspectRatio);
            binWriter.Write(lookupDir);
            binWriter.Write(autoSaveTime);
            binWriter.Write(showStatusBar);
        }
    }
}
```

8.4.2　写二进制文件案例学习

本案例将学到：
（1）图片文件二进制流的读取并显示在图像控件之中。
（2）如何将图像控件的图像读取到内存流，并另外存储。
（3）saveFileDialog 控件在另存文件中的作用。

案例学习：写二进制文件案例——图片的存储与复制
- 实验步骤（1）：

由图 8-10 所示，从工具箱中拖拽 MainMenu 控件、SaveFileDialog 控件、GroupBox 控件、PictureBox 控件各一个到 Form 窗体上；Form 窗体的 text 属性设置为"图片处理器"；GroupBox 控件的 text 属性设置为"图片显示区"；PictureBox 控件的 sizemode 属性设置为 zoom；MainMenu 控件添加菜单项及子项如表 8-14 所示。

表 8-14　图片处理器菜单控件的菜单项及子项设置

菜单项	子项	其他属性
图片（&P）	打开图片（&O）	快捷键等其他属性根据自己设计定（下同）
	复制图片（&C）	
关闭（&Q）		

图 8-10 图片处理器界面

- 实验步骤（2）：

用鼠标双击主界面上菜单控件的所有菜单项，进入 .cs 文件编辑状态准备进行开发。代码如下：

```csharp
///==============================代码编辑==============================
using System;
using System.Collections.Generic;
using System.ComponentModel;
using System.Data;
using System.Drawing;
using System.Text;
using System.Windows.Forms;
using System.IO;

namespace FileOptionApplication
{
    public partial class Form12 : Form
    {
        public Form12()
        {
            InitializeComponent();
        }
        /// <summary>
        /// <summary>
        /// </summary>
        /// <param name="Filename">打开的图片具体路径及文件名称</param>
        /// <returns>比特流类型</returns>
        public byte[] GetFileBytes(string Filename)
        {
            if (Filename == "")
                return null;
            try
            {
                FileStream fileStream = new FileStream(Filename, FileMode.Open,
                FileAccess.Read);
```

```csharp
            BinaryReader binaryReader = new BinaryReader(fileStream);
            byte[] fileBytes=binaryReader.ReadBytes((int)fileStream.Length);
            binaryReader.Close();
            fileStream.Close();
            return fileBytes;
        }
        catch
        {
            return null;
        }
    }
/// </summary>
/// <param name="TargetFilename">目标文件</param>
/// <param name="fileBytes">文件比特流</param>
/// <returns>布尔类型：是否写成功</returns>
public bool WriteFileBytes(string TargetFilename, byte[] fileBytes)
{
    bool k = true;
    if (TargetFilename != "" && fileBytes.Length != 0)
    {
        try
        {
        FileStream fileStream = new FileStream(TargetFilename,
        FileMode.OpenOrCreate, FileAccess.Write);
            BinaryWriter binaryWriter = new BinaryWriter(fileStream);
            binaryWriter.Write(fileBytes);
            binaryWriter.Flush();
            binaryWriter.Close();
            fileStream.Close();
        }
        catch
        {
            k = false;
        }
    }
    else
    {
        k = false;
    }
    return k;
}
/// <summary>
/// 菜单：打开图片
/// </summary>
private void toolStripMenuItem3_Click(object sender, EventArgs e)
{
    try
    {
        OpenFileDialog openfile = new OpenFileDialog();
```

```csharp
            openfile.Filter = "jpg 类型图片(*.jpg)|*.jpg|BMP 类型图片
            (*.bmp)|*.bmp";
            if (openfile.ShowDialog() == DialogResult.OK)
            {
                byte[] picbinary = GetFileBytes(openfile.FileName);
                //第一步：打开图片文件，获得比特流
                MemoryStream mempicstream = new MemoryStream(picbinary);
                //第二步：将比特流还存在内存工作流中
                pictureBox1.Image = Image.FromStream(mempicstream);
                //第三步：加载内存流到图片控件
                mempicstream.Dispose();
                mempicstream.Close();
            }
        }
        catch (Exception m)
        {
            MessageBox.Show("读取图片出错，可能的问题是："+Convert.ToString(m),
            "错误提示");
        }
    }
    /// <summary>
    /// 将打开的图片进行复制
    /// </summary>
    private void toolStripMenuItem4_Click(object sender, EventArgs e)
    {
        try
        {
            if (pictureBox1.Image == null)
            {
                MessageBox.Show("禁止图片为空时候另存信息。", "错误提示");
            }
            else
            {
                saveFileDialog1.Filter = "jpg 类型图片(*.jpg)|*.jpg";
                DialogResult result = saveFileDialog1.ShowDialog();
                if (result == DialogResult.OK)
                {
                    MemoryStream ms=new MemoryStream();
                    Bitmap bm = new Bitmap(pictureBox1.Image);
                    bm.Save(ms, System.Drawing.Imaging.ImageFormat.Jpeg);
                    byte[] bytes = ms.ToArray();
                    WriteFileBytes(saveFileDialog1.FileName, bytes);
                    MessageBox.Show("另存图片成功", "提示");
                    ms.Dispose();
                    ms.Close();
                    bm.Dispose();
                }
            }
        }
        catch (Exception m)
```

```
                    {
                        MessageBox.Show("读取图片出错,可能的问题是: " + Convert.ToString(m),
                        "错误提示");
                    }
                }
            }
        }
```

- 实验步骤（3）：

调试、运行程序，得到效果如图 8-11 所示。

图 8-11　图片处理器效果

8.5　读写内存流

前面第二节介绍了文件流类 FileStream，本节要继续介绍其他流。那么什么是流？在.NET 程序中，涉及的输入和输出都是通过流来实现的。流是串行化设备的抽象表示，流以读/写字节的方式从存储器读/写数据。存储器是存储媒介，磁盘或内存都是存储器。正如除磁盘外还存在着多种存储器，除文件流之外也存在多种流，例如网络流、内存流、缓存流等。类 Stream 及其派生类组成流的家族，如图 8-12 所示。

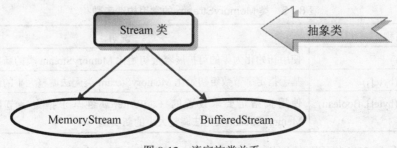

图 8-12　流家族类关系

所有流的类都是从类 Stream 派生出来的。类 Stream 是所有流的抽象基类，所以它不能被实例化为对象，只能通过变量引用派生类的对象。Stream 变量所引用对象具有以下一种或多种功能：

(1) 读：通过 Read()或 ReadByte()方法实现读数据。

(2) 写：通过 Write()或 WriteByte()方法实现写数据。

(3) 定位：通过 Position 属性和 Seek()方法实现定位。

注意：派生的流对象只能支持这些功能中的一部分。例如 NetworkStream 不支持定位。可以利用从 Stream 派生出来的对象的 CanRead、CanWrite 和 CanSeek 属性判断流对象支持哪些操作。

另外，对于类 MemoryStream，有两点需要说明：

(1) 对内存而不是对磁盘进行数据读写；

(2) 减少了对临时缓冲区和文件的需要。

而对于类 BufferedStream，有四点需要说明：

(1) 对缓冲区进行数据读写；

(2) 允许操作系统创建自己的缓冲区；

(3) 输入/输出效率高且速度更快；

(4) 在网络通信时经常会使用到。

8.5.1 读写内存流——MemoryStream 类

类 MemoryStream 创建这样的流，该流以内存而不是磁盘或网络连接作为支持存储区。类 MemoryStream 封装以无符号字节数组形式存储数据，该数组在创建 MemoryStream 对象时被初始化，或者该数组可创建为空数组。可在内存中直接访问这些封装的数据。内存流可降低应用程序中对临时缓冲区和临时文件的需要。

FileStream 对象与 MemoryStream 对象有很大区别，主要体现在以下方面：

(1) FileStream 对象的数据来自文件，而 MemoryStream 对象的数据来自内存缓冲区。这两个类都继承自 Stream 类。

(2) MemoryStream 的数据来自内存中的一块连续区域，这块区域称为"缓冲区（Buffer）"。可以把缓冲区看成一个数组，每个数组元素可以存放一个字节的数据。

(3) 在创建 MemoryStream 对象时，可以指定缓冲区的大小，并且可以在需要时更改。

类 MemoryStream 的构造函数有 7 种重载，这里重点介绍 3 种，如表 8-15 所示。

表 8-15 类 MemoryStream 的常用构造函数

名称	说明
MemoryStream ()	使用初始化为零的可扩展容量初始化 MemoryStream 类的新实例
MemoryStream (byte[])	基于指定字节数组初始化 MemoryStream 类无法调整大小的新实例
MemoryStream (byte[], Boolean)	使用按指定要求设置的 CanWrite 属性基于指定字节数组初始化 MemoryStream 类无法调整大小的新实例

内存流对象还有一些重要的属性。其中 Length 属性代表了内存流对象存放的数据的真实长度，而 Capacity 属性则代表了分配给内存流的内存空间大小。可以使用字节数组创建一个固定大小的 MemoryStream。

小实验 1

```
MemoryStream mem = new MemoryStream(buffer);
//这时,无法再设置Capacity属性的大小
```

小实验 2

```
MemoryStream mem = new MemoryStream(buffer, false);
//这时,CanWrite属性就被设置为false
```

这样在内存流对象被实例化时,一些属性就被影响了。

8.5.2 MemoryStream 类案例学习

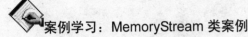案例学习：MemoryStream 类案例

本案例将学到如何通过使用内存流的属性、方法来获取内存流的占用空间信息及改变内存流空间大小。

- 实验步骤（1）：

由图 8-13 所示,从工具箱中拖拽 5 个 Label 控件到 Form 窗体上,拖拽一个 Button 控件。

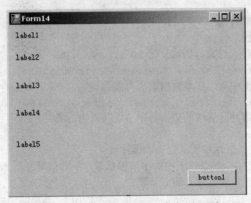

图 8-13 MemoryStream 类案例界面

- 实验步骤（2）：

用鼠标双击所有 Button 控件,进入 .cs 文件编辑状态准备进行开发。代码如下：

```
using System;
using System.Collections.Generic;
using System.ComponentModel;
using System.Data;
using System.Drawing;
using System.Text;
using System.Windows.Forms;
using System.IO;

namespace FileOptionApplication
{
```

```csharp
public partial class Form14 : Form
{
    public Form14()
    {
        InitializeComponent();
    }
    //建立字节数组
    byte[] buffer = new byte[600];
    /// <summary>
    /// 获取测试性数据
    /// </summary>
    private void GetTestData()
    {
        for (int i = 0; i < 600; i++)
        {
            buffer[i] = (byte)(i % 256);
            //byte 类型的数最大不能超过 255，用 256 取模实现
        }
    }
    /// <summary>
    /// button1 按钮的鼠标单击 Click 事件
    /// </summary>
    private void button1_Click(object sender, EventArgs e)
    {
        //创建测试数据
        GetTestData();
        //创建内存流对象，初始分配 50 字节的缓冲区
        MemoryStream mem = new MemoryStream(50);
        //向内存流中写入字节数组的所有数据
        mem.Write(buffer,0,buffer.GetLength(0));
        //使用从缓冲区读取的数据将字节块写入当前流
        //参数：
        //1. buffer 从中写入数据的缓冲区
        //2. offset buffer 中的字节偏移量，从此处开始写入
        //3. count 最多写入的字节数
        //GetLength(0) 为 GetLength 的一个示例，它返回 Array 的第一维中元素的个数
        label1.Text = "写入数据后的内存流长度是："+mem.Length.ToString();
        label2.Text = "分配给内存流的缓冲区大小："+mem.Capacity.ToString();
        mem.SetLength(500);
        label3.Text = "调用 SetLength 方法后的内存流长度：" + mem.Length.ToString();
        mem.Capacity = 620;//注意：此值不能小于 Length 属性
        label4.Text = "调用 Capacity 方法后缓冲区大小：" + mem.Capacity.ToString();
        //将读写指针移到距流开头 10 个字节的位置
        mem.Seek(45, SeekOrigin.Begin);
        label5.Text = "内存中的信息是："+mem.ReadByte().ToString();
    }
}
```

- 实验步骤（3）：

调试、运行程序，得到效果如图 8-14 所示。

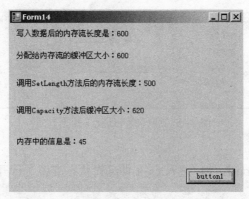

图 8-14　MemoryStream 类案例运行效果

8.5.3　读写缓存流——BufferedStream 类

类 BufferedStream 就是给另一流上的读写操作添加一个缓冲区。缓冲区是内存中的字节块，用于缓存数据，从而减少对操作系统的调用次数。因此，缓冲区可提高读取和写入性能。使用缓冲区可进行读取或写入，但不能同时进行这两种操作。BufferedStream 的Read和Write方法自动维护缓冲区的读写过程。

BufferedStream 可写在某些类型的流周围。它提供从基础数据源或储存库读取字节以及将字节写入基础数据源或储存库的实现。使用BinaryReader和BinaryWriter读取和写入其他数据类型。BufferedStream 用于在不需要缓冲区时防止缓冲区降低输入和输出速度。如果读取和写入的大小始终大于内部缓冲区的大小，那么 BufferedStream 可能甚至无法分配内部缓冲区。

BufferedStream 也在共享缓冲区中缓冲读取和写入。假设始终执行一系列读取或写入操作，而很少在读取和写入之间切换。类 BufferedStream 的构造函数有两种重载，如表 8-17 所示。

表 8-16　类 BufferedStream 的常用构造函数

名称	说明
BufferedStream (Stream)	使用默认的缓冲区大小 4096 字节初始化 BufferedStream 类的新实例
BufferedStream (Stream, Int32)	使用指定的缓冲区大小初始化 BufferedStream 类的新实例

8.5.4　BufferedStream 类案例学习

案例学习：通过缓冲区交换数据

本案例将学到如何通过使用缓存流来读写文件。

- 实验步骤（1）：

由图 8-15 所示，从工具箱中拖拽一个 GroupBox，text 属性设置为"打开文件"；拖拽两个 Label 控件到 GroupBox 上，text 属性分别设置为"请选择源文件名："、"请填写备份文件名:";拖拽两个 TextBox 控件到 GroupBox 上,其中第一 TextBox 控件的 Enabled 属性为 False;拖拽两个 Button 控件到 GroupBox 上,text 属性分别设置为"打开文件"、"备份文件"。

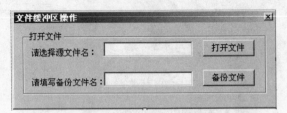

图 8-15 通过缓冲区交换数据界面

- 实验步骤(2):

用鼠标双击所有 Button 控件,进入.cs 文件编辑状态准备进行开发。代码如下:

```csharp
using System;
using System.Collections.Generic;
using System.ComponentModel;
using System.Data;
using System.Drawing;
using System.Text;
using System.Windows.Forms;
using System.IO;

namespace FileOptionApplication
{
    public partial class Form16 : Form
    {
        public Form16()
        {
            InitializeComponent();
        }
        /// <summary>
        /// 打开原始文件
        /// </summary>
        private void button1_Click(object sender, EventArgs e)
        {
            OpenFileDialog openfile = new OpenFileDialog();
            openfile.Filter = "文本文件(*.txt)|*.txt";
            if (openfile.ShowDialog() == DialogResult.OK)
            {
                textBox1.Text = openfile.FileName.ToString();
            }
        }
        /// <summary>
        /// 备份目标文件;Stream 和 BufferedStream 的实例
        /// </summary>
        private void button2_Click(object sender, EventArgs e)
        {
            string targetpath = @"c:\" + textBox2.Text + ".txt";
            FileStream fs =File.Create(targetpath);
```

```
            fs.Dispose();
            fs.Close();
            string sourcepath = textBox1.Text;
            Stream outputStream= File.OpenWrite(targetpath);
            Stream inputStream = File.OpenRead(sourcepath);
            BufferedStream bufferedInput = new BufferedStream(inputStream);
            BufferedStream bufferedOutput = new BufferedStream(outputStream);
            byte[] buffer = new Byte[4096];
            int bytesRead;
            while ((bytesRead =bufferedInput.Read(buffer, 0,4096)) > 0)
            {
                bufferedOutput.Write(buffer, 0, bytesRead);
            }
            //通过缓冲区进行读写
            MessageBox.Show("给定备份的文件已创建", "提示");
            bufferedOutput.Flush();
            bufferedInput.Close();
            bufferedOutput.Close();
            //刷新并关闭 BufferStream
        }
    }
}
```

8.6 本章小结

- File 是静态对象，提供对文件的创建、拷贝、移动和删除等一系列操作。
- File.Create(文件名)可以创建新的文件，并结合 FileStream 对象来进行读写操作。
- FileStream 和 BinaryReader、BinaryWriter 对象结合起来可对二进制数据进行操作。
- 在 C#中指明文件名时，要使用转义字符\\。
- 内存流提供无法调整大小的数据流视图，而且只能向其写入。
- BufferedStream 对象对缓冲区进行读写。

课后练习

1．FileInfo 类和 File 类的设计差别是什么？
2．文本文件操作和图像文件的操作在本质上有何差异？
3．在一个 WinForm 窗体中建立一个菜单，命名为"文件夹"，其子菜单包括"创建文件夹"、"删除文件夹"、"移动文件夹"，通过单击这三个文件夹分别实现在"C:\"下面相应的功能。
4．在本章课后练习 3 的基础上，再创建一个菜单，命名为"文件"，其子菜单包括"创建文本文件"、"删除文本文件"，分别创建和删除练习 3 文件夹中的相关文本文件。
5．模拟 Windows 操作系统，完整开发一个文本文件编辑器软件。

习题答案

第 1 章

一、编程题

1. 步骤

(1) 单击"开始"→"所有程序"→"Microsoft Visual Studio 2008"选项,打开"Microsoft Visual Studio 2008"开发工具。

(2) 在"文件"菜单中,单击"新建项目"选项。

(3) 在"新建项目"对话框中,在左侧的窗格中选择"Visual C#",并展开下面的 Windows 节点。在右侧的窗格中选择"Windows 窗体应用程序",然后在"名称"文本框输入"你好",如图 1 所示。

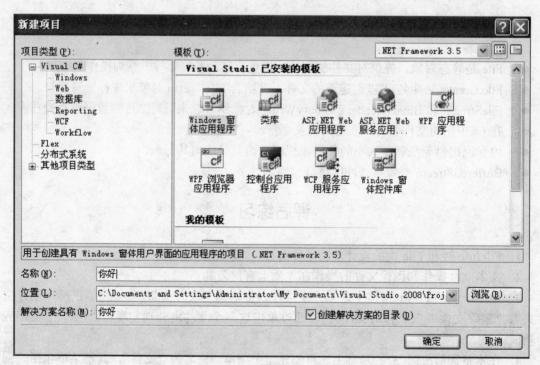

图 1

(4) 然后单击"确定"按钮。

(5) 单击"确定"按钮之后,进入窗体界面,如图 2 所示。

图 2

（6）在"Form.cs[设计]*"窗口中，选择"工具箱"→"公共控件"选项。

（7）将 Button1、Button2 和 Label1 拖到窗体中。

（8）单击 Button1，在属性窗口中将其 Text 项修改为"隐藏"，然后单击 Button2，在属性窗口中将其 Text 项修改为"显示"，再单击 Label1，在属性窗口中将其 Text 项修改为"Hello,C#!"，如图 3 所示。

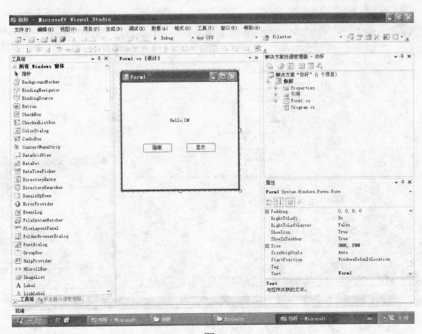

图 3

(9) 双击 Button1 按钮,在里面输入代码 Label1.Hide();,如图 4 所示。

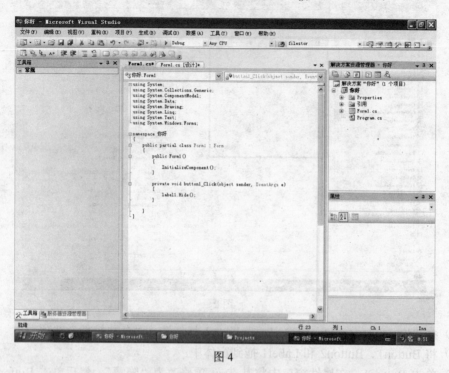

图 4

(10) 双击 Button2 按钮,在里面输入代码 Label1.Show();,如图 5 所示。

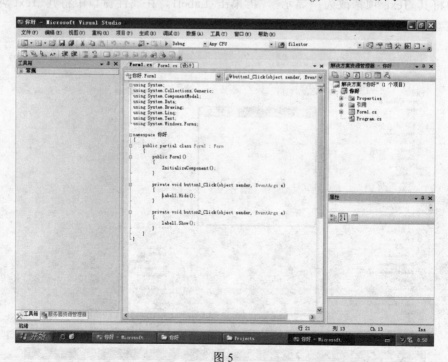

图 5

(11) 选择"调试"→"启动调试"选项,结果如图 6 所示。

图 6

（12）单击"隐藏"按钮，结果如图 7 所示。

图 7

（13）单击"显示"按钮，结果如图 8 所示。

图 8

2. 步骤

（1）单击"开始"→"所有程序"→"Microsoft Visual Studio 2008"选项，打开"Microsoft Visual Studio 2008"开发工具。

（2）在"文件"菜单中，单击"新建项目"选项。

（3）在"新建项目"对话框中，在左侧的窗格中选择"Visual C#"，并展开下面的 Windows 节点。在右侧的窗格中选择"控制台应用程序"，然后在"名称"文本框输入"形状"，如图 9 所示。

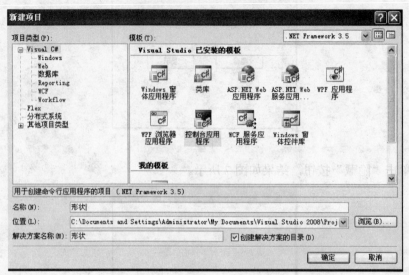

图 9

（4）然后单击"确定"按钮。
（5）单击"确定"按钮之后，进入编程界面，如图 10 所示。

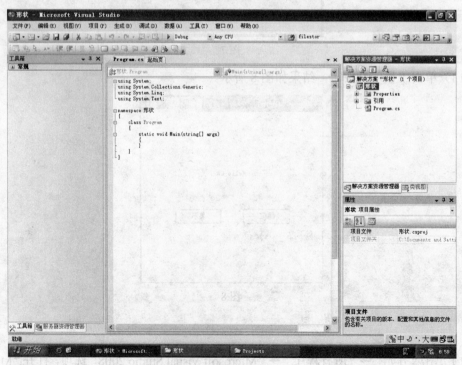

图 10

（6）在 Main() 方法中写入如图 11 所示代码。

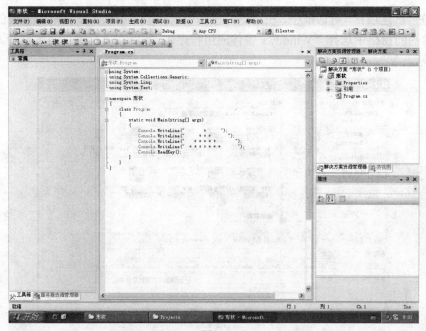

图 11

（7）选择"调试"→"启动调试"选项，结果如图 12 所示。

图 12

二、填空题

（1）汇编语言、高级语言
（2）Main()

第 2 章

一、编程题

1. 实验步骤

（1）单击"开始"→"所有程序"→"Microsoft Visual Studio 2008"选项，打开"Microsoft Visual Studio 2008"开发工具。

（2）在"文件"菜单中，单击"新建项目"选项。

（3）在"新建项目"对话框中，在左侧的窗格中选择"Visual C#"，并展开下面的 Windows 节点。在右侧的窗格中选择"Windows 窗体应用程序"，然后在"名称"文本框输入"电费"，如图 13 所示。

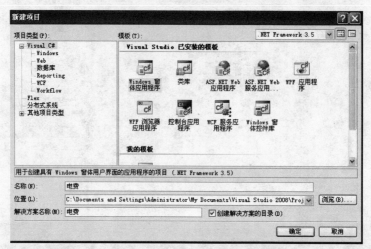

图 13

（4）然后单击"确定"按钮。

（5）单击"确定"按钮之后，进入窗体界面，如图 14 所示。

图 14

（6）在"Form.cs[设计]*"窗口中，选择"工具箱"→"公共控件"选项。

（7）将一个 Button、一个 TextBox 和 4 个 Label 拖到窗体中。

（8）单击 Button1，在属性窗口中将其 Text 项修改为"电费计算"，然后单击 Label1，在属性窗口中将其 Text 项修改为"用电度数"，如图 15 所示。

图 15

(9) 双击 Button1，在里面写下代码：
```
decimal jiage = 0.56m;
decimal dushu, zongjiao, weijiao;
int shijiao;
string input = textBox1.Text;
dushu = decimal.Parse(input);
zongjiao = dushu * jiage;
shijiao = (int)zongjiao;
weijiao = zongjiao - shijiao;
label2.Text = string.Format("应缴电费：{0:c}\n", zongjiao);
label3.Text = string.Format("实缴电费：{0:c}\n", shijiao);
label4.Text = string.Format("未缴电费：{0:c}\n", weijiao);
```
代码填写如图 16 所示。

图 16

(10) 选择"调试"→"启动调试"选项，结果如图 17 所示。
(11) 在 TextBox1 在填上 10，然后单击电费计算 Button1，如图 18 所示。

图 17　　　　　　　　　　　图 18

2. 实验步骤

（1）单击"开始"→"所有程序"→"Microsoft Visual Studio 2008"选项，打开"Microsoft Visual Studio 2008"开发工具。

（2）在"文件"菜单中，单击"新建项目"选项。

（3）在"新建项目"对话框中，在左侧的窗格中选择"Visual C#"，并展开下面的 Windows 节点。在右侧的窗格中选择"控制台应用程序"，然后在"名称"文本框输入"算法"，如图 19 所示。

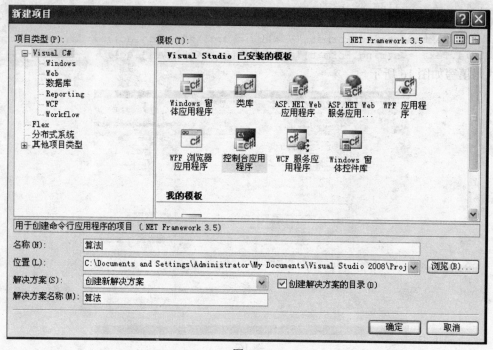

图 19

（4）然后单击"确定"按钮。

（5）单击"确定"按钮之后，进入编程界面，如图 20 所示。

图 20

（6）在 Main() 方法中写入代码如下所示：

```
Console.WriteLine("请输入 4 个整数：");
string A = Console.ReadLine();
string B = Console.ReadLine();
string C = Console.ReadLine();
string D = Console.ReadLine();
double input = Convert.ToDouble(Convert.ToInt32(A) * Convert.ToInt32(B)
*Convert.ToInt32( C) * Convert.ToInt32(D));
Console.Write("4 个数相乘的结果是：{0:f}", input);
Console.ReadKey();
```

代码填写如图 21 所示。

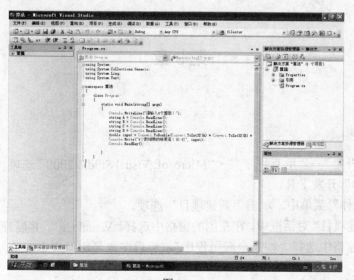

图 21

（7）选择"调试"→"启动调试"选项，结果如图 22 所示。

图 22

（8）输入 4 个数，如图 23 所示。

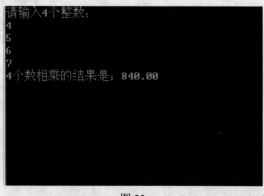

图 23

二、选择题

1. C　　　2. B　　　3. C　　　4. C　　　5. AC

第 3 章

一、编程题

1. 步骤

（1）单击"开始"→"所有程序"→"Microsoft Visual Studio 2008"选项，打开"Microsoft Visual Studio 2008"开发工具。

（2）在"文件"菜单中，单击"新建项目"选项。

（3）在"新建项目"对话框中，在左侧的窗格中选择"Visual C#"，并展开下面的 Windows 节点。在右侧的窗格中选择"控制台应用程序"，然后在"名称"文本框输入"选择"，如图 24 所示。

（4）然后单击"确定"按钮。

（5）单击"确定"按钮之后，进入编程界面，如图 25 所示。

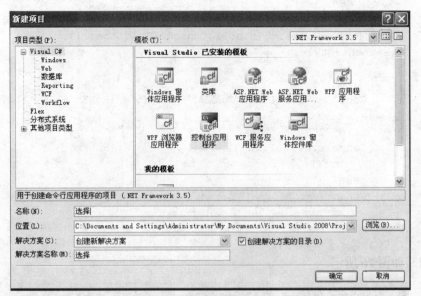

图 24

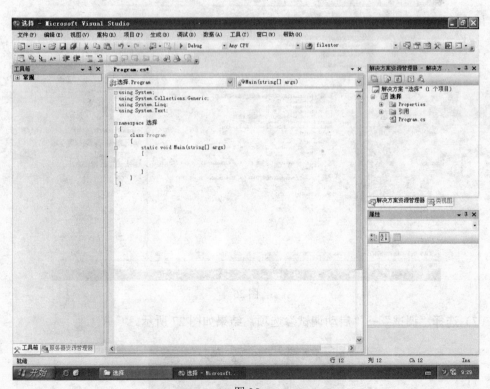

图 25

（6）在 Main() 方法中写入如下代码：
```
Console.WriteLine("请选择序号，选择您要做的哪种车");
        Console.WriteLine("1. 捷达");
        Console.WriteLine("2. 速腾");
        Console.WriteLine("3. 红旗");
        Console.WriteLine("请输入序号和相应的公里数：");
```

```
            string Style=Console.ReadLine();
            int RunKm=Convert.ToInt32(Console.ReadLine());
            switch (Style)
            {
                case"1":
                Console.WriteLine("您需要付: " + (5 + (RunKm - 1) * 1.4) + "元");
                    break;
                case "2":
                Console.WriteLine("您需要付: " + (7 + (RunKm - 1) * 1.4) + "元");
                    break;
                case "3":
                Console.WriteLine("您需要付: " + (10 + (RunKm - 1) * 1.5) + "元");
                    break;
            }
            Console.ReadKey();
```

代码填写如图26所示。

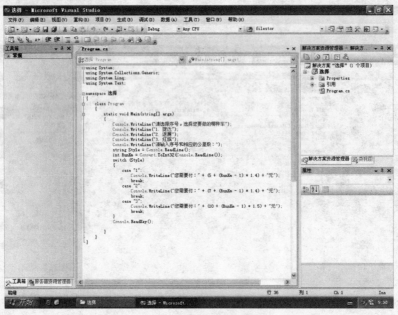

图26

(7) 选择"调试"→"启动调试"选项,结果如图27所示。

图27

输入序号和公里数如图 28 所示。

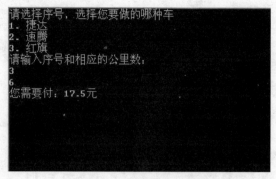

图 28

2. 步骤：

（1）单击"开始"→"所有程序"→"Microsoft Visual Studio 2008"选项，打开"Microsoft Visual Studio 2008"开发工具。

（2）在"文件"菜单中，单击"新建项目"选项。

（3）在"新建项目"对话框中，在左侧的窗格中选择"Visual C#"，并展开下面的 Windows 节点。在右侧的窗格中选择"控制台应用程序"，然后在"名称"文本框输入"时间"，如图 29 所示。

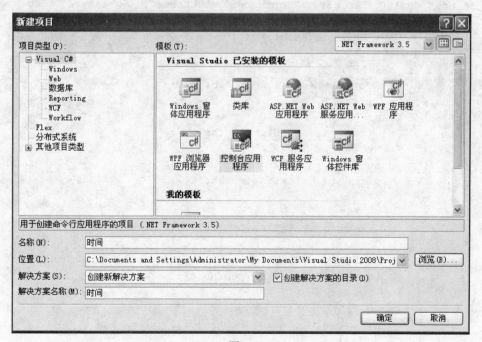

图 29

（4）然后单击"确定"按钮。

（5）单击"确定"按钮之后，进入编程界面，如图 30 所示。

270　Visual C# 2008 程序设计案例教程

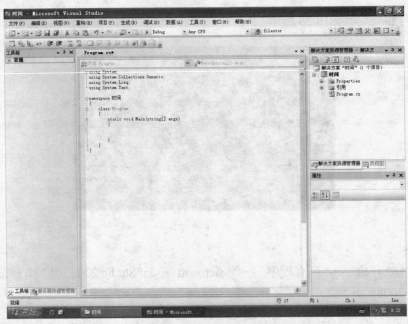

图 30

（6）在 Main()方法中写入如下代码：

```
string[] months = new string[12] { "January", "February", "March", "April",
"May", "June","July", "August", "September", "October", "November", "December" };
        Console.WriteLine("请输入某月份的数字：");
        switch (Console.ReadLine())
        {
            case"1":
                Console.WriteLine(months[0]);
                break;
            case "2":
                Console.WriteLine(months[1]);
                break;
            case "3":
                Console.WriteLine(months[2]);
                break;
            case "4":
                Console.WriteLine(months[3]);
                break;
            case "5":
                Console.WriteLine(months[4]);
                break;
            case "6":
                Console.WriteLine(months[5]);
                break;
            case "7":
                Console.WriteLine(months[6]);
                break;
            case "8":
                Console.WriteLine(months[7]);
```

```
            break;
        case "9":
            Console.WriteLine(months[8]);
            break;
        case "10":
            Console.WriteLine(months[9]);
            break;
        case "11":
            Console.WriteLine(months[10]);
            break;
        case "12":
            Console.WriteLine(months[11]);
            break;
        case "0":
            return;
            //break;
        default:
            Console.WriteLine("请输入有效的月份");
            break;
    }
    Console.ReadKey();
```

（7）选择"调试"→"启动调试"选项，结果如图 31 所示：输入 2，则如图 32 所示。

图 31　　　　　　　　　　图 32

若输入 14，则如图 33 所示。

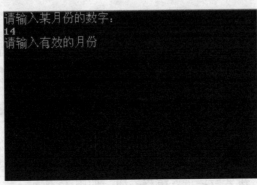

图 33

二、填空题

1. 后　　前　　continue
2. IndexOf
3. 数组名、数组元素的类型、维数

三、选择题

1. A　　2. C　　3. A

第 4 章

一、编程题

1. 步骤

（1）单击"开始"→"所有程序"→"Microsoft Visual Studio 2008"选项，打开"Microsoft Visual Studio 2008"开发工具。

（2）在"文件"菜单中，单击"新建项目"选项。

（3）在"新建项目"对话框中，在左侧的窗格中选择"Visual C#"，并展开下面的 Windows 节点。在右侧的窗格中选择"控制台应用程序"，然后在"名称"文本框输入"人类"，如图 34 所示。

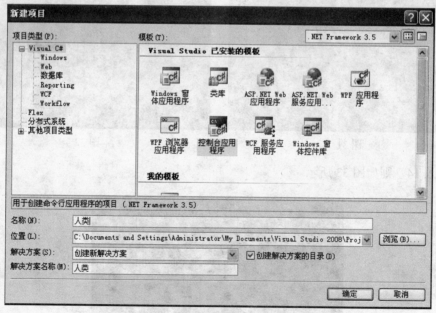

图 34

（4）然后单击"确定"按钮。
（5）单击"确定"按钮之后，进入编程界面，如图 35 所示。

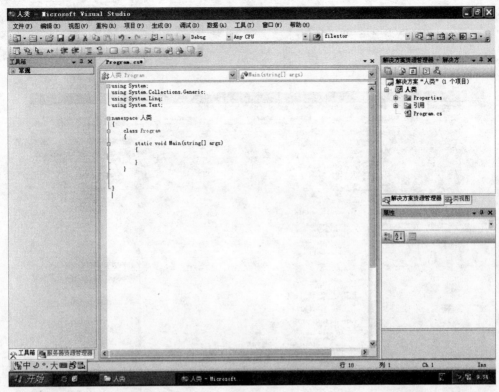

图 35

(6) 创建一个 Person 类代码如下：
```
public class Person
{
    public string _Name;
    private int _Age;
    private string _Sex;
    public void Run()
    {
        Console.Write(_Name + "跑步...");
    }
    public int SetAge(int AgeValue)
    {
        _Age = AgeValue;
        if (AgeValue == 0)
            Console.Write(_Name + "年龄没有设置");
        else
            Console.Write(_Name + "年龄: " + _Age.ToString());
        return _Age;
    }
}
```

然后在 Main() 方法里写入如下代码：
```
Person person_1 = new Person();
        person_1._Name = "董全琴";
        person_1.Run();
```

```
            Console.WriteLine();
            person_1.SetAge(20);
            Console.Read();
```
代码填写如图 36 所示。

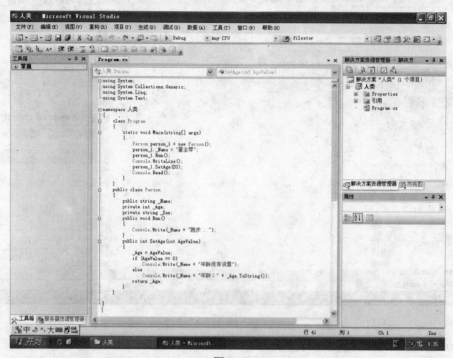

图 36

（7）选择"调试"→"启动调试"选项，结果如图 37 所示。

图 37

2. 步骤

（1）单击"开始"→"所有程序"→"Microsoft Visual Studio 2008"选项，打开"Microsoft Visual Studio 2008"开发工具。

（2）在"文件"菜单中，单击"新建项目"选项。

（3）在"新建项目"对话框中，在左侧的窗格中选择"Visual C#"，并展开下面的 Windows

节点。在右侧的窗格中选择"控制台应用程序",然后在"名称"文本框输入"时间计算",如图 38 所示。

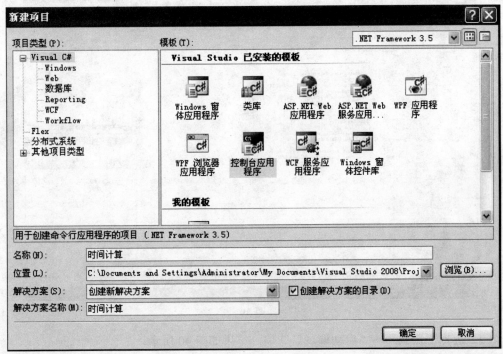

图 38

(4) 然后单击"确定"按钮。
(5) 单击"确定"按钮之后,进入编程界面。
(6) 创建一个 TimePeriod 类代码如下:

```
class TimePeriod
   {
     private double seconds;
      public double Hours
      {
      get {return seconds/3600;}
      set {seconds=value*3600;}
      }
    }
```

(7) 然后在 Main()方法里写入如下代码:

```
TimePeriod t = new TimePeriod();
        t.Hours = 24;
        Console.WriteLine("以小时表示的时间是: " + t.Hours);
Console.ReadLine();
```

代码填写如图 39 所示。

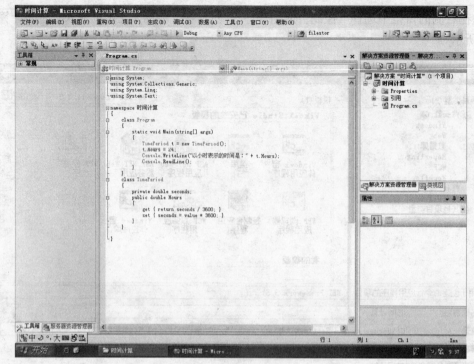

图 39

（8）选择"调试"→"启动调试"选项，结果如图 40 所示。

图 40

二、填空题

1. public
2. 值参数　输入引用参数　输出引用参数　数组型参数
3. get　set
4. 封装性　继承性　多态性

三、选择题

1. B　　2. A　　3. C　　4. A

第5章

一、编程题

1. 步骤

（1）单击"开始"→"所有程序"→"Microsoft Visual Studio 2008"选项，打开"Microsoft Visual Studio 2008"开发工具。

（2）在"文件"菜单中，单击"新建项目"选项。

（3）在"新建项目"对话框中，在左侧的窗格中选择"Visual C#"，并展开下面的Windows节点。在右侧的窗格中选择"控制台应用程序"，然后在"名称"文本框输入"学生"，如图41所示。

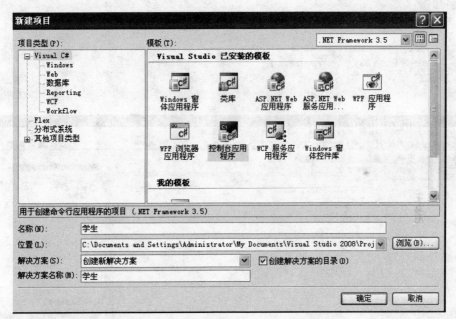

图41

（4）然后单击"确定"按钮。

（5）单击"确定"按钮之后，进入编程界面，如图42所示。

（6）创建两个类Student和Graduate类代码如下：

```
class Student
{
    private string id;
    private string name;
    public Student(string sid, string sname)
    {
        id = sid;
        name = sname;
    }
    public string ID
```

```csharp
        {
            get { return id; }
            set { id = value; }
        }
        public string Name
        {
            get { return name; }
            set { name = value; }
        }
    }
    class Graduate : Student
    {
        private double salary;
        public Graduate(string sid, string sname, double ds)
            : base(sid, sname)
        {
            salary = ds;
        }
        public double Salary
        {
            get { return salary; }
            set { salary = value; }
        }
    }
```

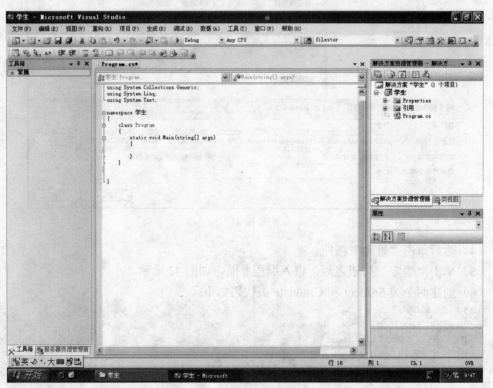

图42

（7）在Main()方法里写入如下代码：

```csharp
Graduate g1 = new Graduate("1001","董全琴",2000);
```

```
                Console.Write("研究生学号：{0},姓名：{1},工资：{2}", g1.ID, g1.Name,
g1.Salary);
                Console.ReadKey();
```

（8）选择"调试"→"启动调试"选项，结果如图43所示。

图 43

2. 步骤

（1）单击"开始"→"所有程序"→"Microsoft Visual Studio 2008"选项，打开"Microsoft Visual Studio 2008"开发工具。

（2）在"文件"菜单中，单击"新建项目"选项。

（3）在"新建项目"对话框中，在左侧的窗格中选择"Visual C#"，并展开下面的Windows节点。在右侧的窗格中选择"控制台应用程序"，然后在"名称"文本框输入"复数"，如图44所示。

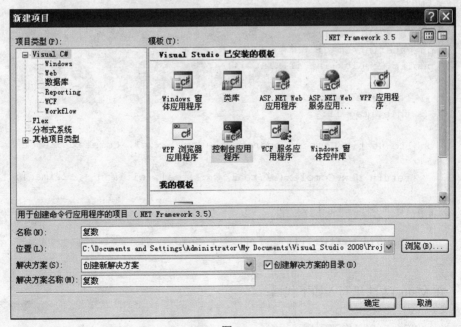

图 44

（4）然后单击"确定"按钮。

（5）单击"确定"按钮之后，进入编程界面，如图45所示。

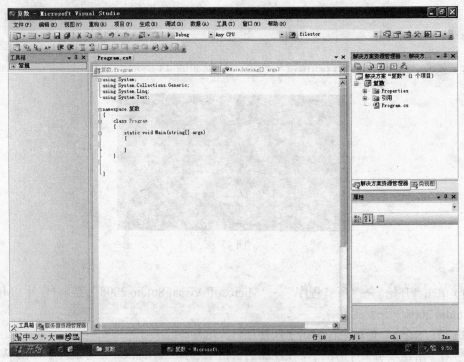

图 45

（6）创建一个类 Complex 代码如下：

```
class Complex
    {
        private int real;
        private int imag;
        public Complex(int ir, int ii)
        {
            this.real = ir;
            this.imag=ii;
        }
        public static Complex operator +(Complex c1, Complex c2)
        {
            return new Complex(c1.real + c2.real, c1.imag + c2.imag);
        }
        public void Display()
        {
            Console.Write("[{0}+({1})i]", this.real, this.imag);
        }
    }
```

（7）在 Main()方法里写入如下代码：

```
Complex num1 = new Complex(1,2);
Complex num2 = new Complex(3,4);
Complex num3 = num1 + num2;
num1.Display();
Console.Write("+");
num2.Display();
```

```
Console.Write("=");
num3.Display();
Console.ReadKey();
```

（8）选择"调试"→"启动调试"选项，结果如图46所示。

图 46

二、选择题

1．D 2．C 3．B 4．B 5．C 6．D

第6～8章

略

参考文献

[1] 李继攀等. 程序天下——Visual C# 2008 开发技术实例详解. 北京：电子工业出版社，2008.

[2] 李容等. 完全手册——Visual C# 2008 开发技术详解. 北京：电子工业出版社，2008.

[3] 王石. 精通 Visual C# 2005 语言基础、数据库系统开发、Web 开发. 北京：人民邮电出版社，2007.

[4] Karli Watson，David Espinosa. Visual C#入门经典. 北京：清华大学出版社，2002.

[5] John Sharp. Visual C#2005 从入门到精通. 北京：清华大学出版社，2006.